LA VIGNE

ET

SON PHYLLOXÈRE

EXPOSÉ

DE LA

VÉRITÉ SUR LA MALADIE DE LA VIGNE

PAR

N. BASSET

PRIX : 2 FRANCS

PARIS
LIBRAIRIE CENTRALE DES ARTS ET MANUFACTURES
A. LEMOINE, ÉDITEUR
15, QUAI MALAQUAI, 15
ET CHEZ L'AUTEUR, 60, RUE DES DAMES

1879

LA VIGNE
ET
SON PHYLLOXÈRE

EXPOSÉ
DE LA
VÉRITÉ SUR LA MALADIE DE LA VIGNE

PAR

N. BASSET

PRIX : 2 FRANCS

PARIS
LIBRAIRIE CENTRALE DES ARTS ET MANUFACTURES
A. LEMOINE, ÉDITEUR
15, QUAI MALAQUAI, 15
ET CHEZ L'AUTEUR, 60, RUE DES DAMES

1879

LA VIGNE

ET

SON PHYLLOXÈRE

551 Paris. — Imp. Félix Malteste et Cᵉ, 22, r. des Deux-Portes-St-Sauveur.

LA VIGNE

ET

SON PHYLLOXÈRE

EXPOSÉ

DE LA

VÉRITÉ SUR LA MALADIE DE LA VIGNE

PAR

N. BASSET

PRIX : 2 FRANCS

PARIS

LIBRAIRIE CENTRALE DES ARTS ET MANUFACTURES

A. LEMOINE, ÉDITEUR

15, QUAI MALAQUAI, 15

ET CHEZ L'AUTEUR, 60, RUE DES DAMES

1879

OUVRAGES DU MÊME AUTEUR

Du Bétail en Ferme. (Épuisé.)

Amendements et Prairies. (Épuisé.)

Traité pratique de la Culture et de l'Alcoolisation de la Betterave. (Troisième édition.)

Traité complet d'Alcoolisation générale. (Épuisé.) — Ouvrage refondu dans le Guide théorique et pratique du Fabricant d'alcools et du Distillateur.

Le Pain par la Viande, in-8°, 1853. (Épuisé.)

Traité théorique et pratique de la Fermentation.

Guide pratique de Chimie agricole, in-18, 1858.

Précis de Chimie pratique, in-18, avec bois.

Guide pratique du Fabricant de Sucre, in-8°. (3 vol.)

Guide théorique et pratique du Fabricant d'alcools et du Distillateur, in-8°. (3 vol.)

La Vigne et l'Oïdium, 1861.

LA VIGNE ET SON PHYLLOXÈRE

AUX LECTEURS

A quoi bon une préface pour dire ce que je veux exposer avec le plus de brièveté possible dans ces pages? A rien, sans doute, lecteurs, s'il s'agissait d'une question ordinaire, d'un de ces débats entre théoriciens, qui ont juste l'importance de la nullité. Mais il y a bien autre chose, et j'avoue que tous les savants du monde, toutes les théories, toutes les prétentions, bêtes ou non, de Paris et de la province, me semblent d'un bien mince intérêt en face d'un désastre national. Vous rappelez-vous le siége de Paris, celui de 1870? Oui, certes, car vous n'êtes pas de ceux qui oublient si vite. Eh bien, vous souvenez-vous d'un fou, qui demandait la place de la Concorde et quelques centaines de mille francs, se chargeant de pulvériser à distance et de réduire en miettes, comme cela, instantanément, tous les soldats du roi Guillaume qui couvraient les hauteurs au sud-ouest de Paris? On n'a pas ri de ce fou. Il y a eu des imbéciles qui ont cru à la possibilité de son utopie; les autres s'indignaient de voir passer le temps à écouter de semblables billevesées; personne ne riait, car tout était triste alors, même l'inepte conception d'un dément.

Aujourd'hui, c'est la reproduction d'une folie pareille qui m'attriste, et ce que j'aurais trouvé risible il y a vingt ans me paraît une monstruosité effrayante. Ai-je tort ou raison? Suis-je devenu tellement susceptible que je ne puisse plus endurer certains ennuis, supporter certains dégoûts ? Est-ce que l'on devient femmelette en vieillissant? Je ne sais trop, mais je vous déclare qu'il se passe de singulières histoires en ce monde sublunaire, et que, dans mon coin, où je vis loin des agitations de la scène, j'éprouve des colères bleues, non pas à la vue des sottises qui ne sont que des sottises, mais à la vue de celles qui sont des crimes.

Et tout cela à propos de la vigne et du phylloxère ? Tout cela pour motiver une préface ?

Mon Dieu, oui, lecteurs, car tout cela fait partie de ma préface, qui est presque terminée ; tout cela vous dit, en gros, que la façon dont la maladie de la vigne a été étudiée, dans le temps et aujourd'hui, constitue un attentat contre les intérêts du pays, une tentative de meurtre contre la plus française et la plus glorieuse de nos industries agricoles.

Tenez, je veux être calme et froid ; je veux vous dire, comme je le sens et comme je le pense, ce qui m'a déterminé à écrire cette brochure. Et d'abord, en passant, pour n'avoir plus à y revenir, c'est aux propriétaires de vignes, aux viticulteurs, aux vignerons que j'ai affaire ; c'est à ceux-là, qui souffrent dans leur industrie, dans leur fortune, à présent, plus encore pour l'avenir, que je m'adresse. Les *savants* sont hors de cause. Ils savent, ou croient savoir, trop de choses pour se résigner au rôle modeste d'observateurs des faits naturels ; à tout prix il leur faut du bruit, du tapage, qui mette leurs noms en vedette, et la vigne a trop souffert pour avoir encore à supporter le budget des vanités. Les cultivateurs n'ont rien de commun avec les lexiques où certains puisent une science facile; ce ne sont pas des mots grecs ou latins, mal compris, plus mal appliqués, dont on pourra se servir pour guérir nos vignobles.

Mon but est de faire voir aux gens de pratique viticole, sans la moindre considération pour les belles opinions des comices, des naturalistes et autres, qu'on trompe, volontairement ou inconsciemment, les cultivateurs de vignes, comme on les a trompés à propos de l'oïdium. Que les trompeurs se trompent eux-mêmes et soient remplis de bonne foi, « on le veut, j'y souscris, et suis prêt à me taire », mais non pas avant d'avoir démontré l'erreur, non pas avant d'avoir fait toucher du doigt la blessure qui nous est faite par des amis, peut-être, mais des amis maladroits.

La maison brûle; j'appelle au secours et ce n'est qu'un simple devoir. On ne me croira peut-être pas lorsque j'indiquerai les moyens de combattre l'incendie; mais, au moins, on ne songera pas à attribuer à des convoitises malsaines les tentatives de salut qui seront l'objet de mes efforts, car je suis désintéressé dans la question au point de vue personnel. Je n'ai plus de vignes, je ne veux rien être, je ne demande rien et je ne vends rien. J'ai donc le droit de demander aux viticulteurs de vouloir bien, dans leur propre intérêt, dans l'intérêt de la France, accorder un peu d'attention à des observations dont ils peuvent, par eux-mêmes des adoucissements lui viennent à l'esprit, qu'il songe à louvoyer et à ménager la chèvre et le chou. C'est ainsi que l'on se tire, communément, d'une passe difficile, quand la vérité n'est pas *avantageuse* à dire.

Je tiens à prouver aux lecteurs que je n'ai pas la moindre pensée d'hésitation et que j'entends exposer la vérité telle qu'elle est, au risque d'égratigner des épidermes sensibles et d'ajouter à la liste déjà longue de mes chers ennemis.

Sait-on bien ce qui s'est passé pour l'oïdium? On peut en douter, à voir comment la viticulture a suivi docilement et sans sourciller les errements des chefs de file. Voici donc la chose par le menu, et l'on peut en tirer profit, quoiqu'il faille remonter un peu haut pour faire la lumière.

En 1845, le jardinier anglais Tucker *redécouvre* une moisissure connue de temps immémorial et signalée par de nombreux observateurs. Cette malheureuse petite moisissure, que l'on constate depuis plus de deux cents ans sur les treilles de la Basse-Normandie et d'ailleurs, devient tout de suite une nouveauté. Le microscope n'avait pas encore dit son mot à cet égard. Un autre Anglais, M. J. Berkeley, soumet l'enfarinement à sa lentille; il y voit une *nouvelle espèce* d'oïdium, à laquelle il donne le nom du jardinier, son compatriote, et nous voilà gratifiés de l'*oïdium Tuckeri!* Cela se passait en 1847.

Comme nous allons vite en France, la Société d'agriculture de Paris, à une douzaine d'heures de l'Angleterre, apprend l'aventure par le docteur Montagne, le 1er mai 1850! A partir de ce moment, l'histoire tourne au drolatique. On n'a pas idée des discussions bizarres, des réclamations, des revendications, des hypothèses qui se sont fait jour au sujet de l'infortuné champignon. Une séance de la Société d'agriculture offrait le spectacle le plus divertissant qu'on puisse voir, quand on est amateur de l'imbroglio et de l'inattendu; c'était la confusion de Babel. M. le docteur Montagne avait tiré son tout petit avantage de la bagarre, en refaisant une *description nouvelle* de la mucédinée, complétant la description de Berkeley; M. Payen avait pris le haut bout de la discussion, et y trouvait l'occasion de faire un petit livre et d'encenser ses propres théories cryptogamiques; huit ou dix autres personnages empruntaient du relief au mycélium, aux spores et aux autres organes du champignon. On faisait d'autant plus de bruit et de discours qu'on avait tardé à s'y mettre.

Puis vint le sauveur. Un troisième Anglais, Kyle, jardinier comme le premier, avait imaginé le soufrage en 1846. Pourquoi, pour quelles raisons? On n'a jamais su, comme on ne sait jamais la raison d'une absurdité. Le sauvetage ne marchait guère. Il en fût autrement lorsqu'il eut été proposé des récompenses. Alors, envahissement de soufflets, d'instruments de projection, d'instructions, de brochures ; voyages, démarches, contre-marches, de Paris à Bordeaux, à Montpellier, à Toulouse, et *vice versâ*, autour du soufrage et des soufflets ! C'était une activité sans pareille, une course folle, à qui arriverait bon premier dans ce steeple, dont les viticulteurs faisaient les frais.

Les observations des gens désintéressés n'y pouvaient rien. Pour mon compte, j'ai démontré à M. Payen que le soufre était une sinistre plaisanterie, qu'il n'avait de valeur relative que sous l'influence de la tension électrique, qu'il présentait de nombreux inconvénients, qu'il valait mieux employer les sulfures solubles, surtout celui de potassium, indiqué par la nature de la plante; que la maladie ne venait pas de l'oïdium, mais que l'oïdium n'était qu'un symptôme de la maladie, et bien d'autres vérités encore; mais le sort était jeté, le Rubicon franchi et il n'y avait plus à revenir là-dessus. *L'oïdium était déclaré cause de la maladie spéciale;* on avait organisé des fabriques de soufflets, des usines où l'on préparait la fleur de soufre, pour lesquelles on avait monté d'énormes spéculations; trois ou quatre prétendants à la récompense ne pouvaient être éconduits; une demi-douzaine d'apôtres du soufrage visaient la décoration ou une distinction quelconque; M. Payen lui-même tenait son nouveau cryptogame ; on ne pouvait se déjuger. Tant pis pour les vignes et les vignerons si la maladie n'est pas conjurée ! On en sera quitte pour dire que le fléau résiste aux efforts les plus intelligents et aux moyens les plus rationnels, approuvés par les princes de la science...

Voilà ce qui s'est fait au temps de l'oïdium. Malgré trois ou quatre décorations, je ne sais plus au juste, malgré les fabriques de soufflets, les raffineries de soufre, le microscope du docteur Montagne, le petit livre de M. Payen, l'oïdium vit encore. La maladie n'est pas détruite après trente ans de *science*, mais on a causé des milliers d'ophthalmies, altéré les vins, infecté les marcs et les piquettes. Et cependant, les brahmines sont contents du jeu et se contemplent comme des fakirs indiens (1).

---

(1) A propos de l'ancien secrétaire de la Société d'agriculture, un *anonyme* a cru devoir me reprocher mes attaques contre son vénéré maître !... Je n'ai pas l'habitude de répondre aux masques; mais, par égard pour le lecteur, je dois dire que j'ai fort critiqué les erreurs nombreuses de M. Payen, *de son vivant*, que j'ai trouvé qu'il n'en donnait pas au public pour l'argent qu'il recevait de l'État, qu'il ne savait rien de ce qu'il était chargé d'enseigner, que la plupart de ses analyses, celles qui étaient exactes, étaient de ses préparateurs. Aujourd'hui que, suivant un autre proverbe, on doit la vérité aux

Ne pensez-vous pas avec moi, chers lecteurs, qu'après une période de vingt-cinq à trente ans, il eût été tout naturel de changer de procédé? Nous aurions tort ensemble dans l'affirmative, et voilà tout. A quoi bon, au demeurant? Quand il suffit de rééditer une bourde grosse comme le Mont-Blanc, de l'affubler d'un nom latin ou grec, et de dire, avec la gourme scientifique : C'est cela! pour que tous les intéressés donnent dans le filet, pour que les gens instruits hésitent, pour que les gouvernements, les législateurs, les administrateurs, les inspecteurs adoptent la petite histoire, sans examen, et s'empressent de lui donner force de chose acquise et jugée, est-il donc nécessaire de tant se fatiguer? Que non pas! et il vaut mieux aller par le plus court.

Les vignes sont encore malades. Après l'oïdium, en dehors de lui, ou même avec lui, il survient une complication funeste. Pas plus qu'on n'a cherché la vraie cause de l'oïdium, pas plus on ne cherchera cette fois. On courra, par analogie, vers le champignon ou la petite bête; mais il vaudra mieux que ce soit une petite bête, cela fera un peu de changement et nous n'aimons pas la monotonie. La nouvelle maladie, compliquant l'ancienne, fait son apparition dans le Gard vers 1863. Elle est constatée en 1866 dans le Bordelais; mais on cherche en vain la cause de l'altération. On ne peut même la soupçonner, puisque, depuis les théories de M. Payen sur les maladies des végétaux, on s'est habitué à suivre la fausse piste frayée par ce chimiste. Mais, un jour, le 17 juillet 1868, grâce à la bonne loupe de M. Planchon, assisté de MM. Bazille et Sahut, l'ennemi est trouvé. Cette fois, lecteurs, ce n'est pas un champignon avec ou sans mycélium, avec ou sans thèques, c'est un *aphis*, c'est-à-dire un puceron! Mais ce n'est pas notre vulgaire puceron des rosiers ni le puceron lanigère des pommiers; ce n'est ni la punaise, ni la cochenille; notre petite bête est du même ordre que tous ceux-là; c'est un *hémiptère* de la section des *homoptères*, de la tribu des *phylloxériens*, qui forme

---

morts, je n'en dirai pas davantage, mais je renverrai le disciple à l'histoire anecdotique de l'Exposition de Londres, à celle des rapports à l'Académie des sciences, etc. Cela ne me regarde pas davantage et je n'ai pas à me préoccuper de l'homme, mais du *savant*, ou de ce qu'on appelait ainsi. Or, le chimiste de Javel a eu la malechance, à mon avis, d'être lié à toutes les tentatives faites au détriment de l'industrie agricole et de l'agriculture française, et je n'ai pas besoin de m'envelopper de formules nuageuses pour appeler la méfiance contre tout ce qui peut dériver d'une théorie de la fabrique Payen et Cie. Avant de croire à ces histoires-là, on doit en avoir la preuve dix fois plutôt qu'une, et les élèves de ce maître feraient mieux de le laisser dormir en paix où il est, s'ils tiennent à leur fétiche. La dissection de la science de M. Payen serait une œuvre d'apprenti.

un trait-d'union entre le genre des *aphidiens-pucerons* et celui des *cocciens-cochenilles*; c'est un *phylloxère!* Comme on trouve deux phylloxères sur le chêne, que celui-ci en est un autre, il lui faut un nom qui le différencie. Il s'appellera *phylloxera vastatrix!* J'aurais mieux aimé suivre l'analogie jusqu'au bout et, comme M. J. Berkeley avait dit, très-britanniquement, *oïdium Tuckeri*, j'aurais éprouvé une douce satisfaction à entendre dire, à la façon gauloise, *phylloxera Planchonii.* C'était mieux et plus patriotique.

Par parenthèse, on doit savoir gré à M. Planchon de nous avoir appris que : « *Sur des vignes malades, il a trouvé des insectes de la tribu des phylloxères*, formant avec les cochenilles et les pucerons le groupe des hétéroptères-homoptères, dans l'ordre des hémiptères. » Voilà tout ce que M. Planchon nous a appris en réalité, puisque le reste est en litige; mais, enfin, en présence de rien du tout, ce peu est quelque chose, et surtout servira à quelque chose.

Jusque-là, le plus grincheux des mortels n'a rien à dire. Il y a un fait scientifique constaté, un fait d'entomologie, intéressant en lui-même, rien de plus; mais il n'y a pas de mal dans cette découverte, au contraire. Soit donc, je suis d'accord; mais prenez patience, lecteurs, le mal va venir et vous n'y perdrez rien pour attendre.

Après une surabondance de bavardages, *on* a dit que c'est le phylloxère, découvert par M. Planchon, qui est la cause de la maladie nouvelle. Je ne sais qui est cet *on*. Peut-être est-ce une hydre à plusieurs centaines de têtes; mais, en tout cas, c'est *on* qui a commis le crime de lèse-nation que je signale au pays. Où sont les preuves directes et indiscutables apportées par *on?* Il n'y en a pas; les affirmations de *on* ne sont que des on-dit, puisque la question est pendante après quinze ans. Eh bien, tout le monde, non, presque tout le monde, s'est fait le complice de *on*, qui est habitué, chez nous, à de pareils succès. L'Académie, les Sociétés d'agriculture, les Comices ont accepté les dires de cet insaisissable. La commission législative a été également trompée par ces apparences, mais elle a fait mieux; elle a tranché la question en déclarant le phylloxère cause de la maladie, et en préjugeant la valeur des irrigations proposées comme remède. Ne marchons pas sans nos preuves sur un terrain glissant, et lisons :

« Rapport fait, au nom de la Commission chargée d'examiner la proposition de loi de M. Destremx, et de plusieurs de ses collègues, *tendant à combattre les ravages causés dans les vignobles par le phylloxera et à généraliser les irrigations.* »

Ceci est clair pour tout le monde, et la Commission a adopté les idées de *on*. C'est le phylloxère qui est cause. Lisons encore ; on ne saurait s'intruire à trop bonne école :

« *La maladie* qui frappe nos vignobles depuis l'année 1865 *a pour* CAUSE UNIQUE *un insecte*, le *phylloxera...* »

Je respecte profondément la Chambre, en tant qu'expression de la représentation nationale ; mais le respect n'a rien à voir dans une question de ce genre, et je dis que la Commission a préjugé sur ce qu'elle ignore et s'est laissé entraîner au delà de la limite du vrai, à la suite des on-dit, sans preuves acceptables. La Commission n'avait pas le droit d'affirmer que le phylloxère est *cause* de la maladie ; elle n'en savait rien et elle n'en sait rien. Voilà déjà un premier résultat fort regrettable, puisque les efforts, les tendances, les essais se sont trouvés nécessairement localisés dans l'idée de destruction de l'insecte, qui est devenue, en quelque sorte, l'idée légale, sans que personne en sache la raison. Au fond, cependant, l'erreur de la Commission est parfaitement compréhensible. Placée dans des conditions très-analogues à celles d'un Tribunal de commerce, qui est obligé de recourir aux lumières d'hommes spéciaux, appelés *experts*, ce qui est souvent une antiphrase, et qui juge fréquemment en conformité d'opinions erronées émises par ces experts, la Commission de la Chambre législative a suivi l'impulsion de ses experts spéciaux, c'est-à-dire de gens par lesquels le dernier paysan ne voudrait pas laisser planter une betterave, un chou, ni un sarment. Elle ne pouvait guère agir autrement et a fait tout le possible en concluant à l'adoption du projet de loi.

Pendant ce temps, que se passait-il, en fait ? On organisait une spéculation sur l'importation des cépages américains, et plusieurs centaines d'insecticides étaient proposés par des chercheurs de tout ordre, stimulés par l'appât de la récompense votée. Il se faisait, autour de l'insecte microscopique, une série de tripotages commerciaux, et la vigne payait toutes les excentricités et toutes les bizarreries. Les esprits des cultivateurs de vignes, dirigés exclusivement vers un sens arbitraire, ne se portaient pas vers l'observation culturale et, comme pour l'oïdium, on ne songeait plus qu'à la destruction de l'insecte par un moyen spécial, par un poison approprié. Tout cela dure encore, malheureusement, et c'est dans cette odieuse exploitation de la viticulture que je vois le mal, que je trouve la faute commise ; c'est là qu'est l'abus coupable contre lequel j'entends protester de toute mon énergie.

Comment donc s'y prendre aujourd'hui pour changer la disposition des esprits ? Et si l'on vient dire aux viticulteurs : « Vos vignes sont phylloxérées, comme elles ont été oïdiées, parce qu'elles sont malades, parce qu'elles sont dans une mauvaise condition culturale, parce qu'elles se meurent de faim et d'épuisement », n'est-on pas exposé à une verte réplique de maître *On*, qui s'écriera, avec son emphase ordinaire : « *On* a démontré que c'est l'insecte qui est la cause unique de la maladie ; la Chambre législative a sanctionné légalement cette opinion ; il ne s'agit plus que de planter des vignes américaines et de découvrir le bon insecticide ! »

En d'autres termes, il faut que l'exploitation suive son cours ! Et cependant, en dépit de toutes ces circonstances, malgré tant de chances défavorables, je ne crains pas de terminer ce premier paragraphe par des propositions catégoriques, absolument opposées aux absurdités admises par l'école des phylloxéristes, certain que je suis d'être dans le vrai rigoureux, et de contribuer au rétablissement de nos vignobles, si les vignerons veulent prendre la peine de faire leur métier en hommes intelligents, et s'ils veulent secouer le joug imposé par les viticulteurs de rencontre qui pullulent aujourd'hui comme de véritables phylloxères :

1° Le phylloxère n'est pas la cause de la maladie de la vigne, pas plus que l'oïdium n'était la cause de la maladie signalée en 1845, en Angleterre ;

2° Les insecticides les plus parfaits pourront détruire ou éloigner le phylloxère ; mais ils n'auront aucune action sur la maladie réelle, qui continuera sa marche, exactement comme cela a eu lieu pour l'oïdium, malgré le soufrage de Kyle, les soufflets Gontier, et autres amusements de l'époque ;

3° La vraie cause de la maladie consiste, non pas dans la dégénérescence de nos cépages, qui n'ont pas dégénéré le moins du monde, mais dans le mode sauvage et barbare adopté pour la culture de nos vignobles ;

4° La loi relative à la récompense de 300,000 francs votée pour un insecticide a manqué son but et, malgré des intentions très-louables et très-patriotiques de la part des législateurs, elle n'a fait qu'ouvrir la barrière aux cupidités et aux exploitations, dont la viticulture est la victime ;

5° Sans être entièrement inutiles, les insecticides ne peuvent être que des palliatifs, d'une valeur plus ou moins contestable, dont l'usage ne peut être conseillé qu'à titre d'auxiliaire transitoire et momentané.

Ces propositions seront amplement démontrées par les observations et les faits exposés ultérieurement.

QU'EST-CE QUE LE PHYLLOXERA VASTATRIX

Comme on peut le voir, je suis en veine de condescendance et j'emploie, très-modestement, pour la petite bête, l'appellation paternelle. J'aimerais mieux la mienne; mais il faut bien faire des sacrifices. Il faut en faire un, par exemple, qui est considérablement ennuyeux, je vous le déclare franchement, puisque je suis obligé de dire SCIENTIFIQUEMENT, ce que c'est que votre ennemi, ou tout au moins ce qu'on accuse d'être votre ennemi. Il ne faut pas m'en vouloir, par la seule raison que tous mes efforts tendront à faire court.

C'est que, voyez-vous, lecteurs, je suis un triste entomologiste et je ne suis pas de force à dénouer les cordons des souliers de MM. Girard, Planchon, Balbiani, et autres flambeaux de l'élytre, des antennes et du corselet. Autrefois, quand j'étais un maigre élève de troisième, mon professeur m'a octroyé la faveur de me faire apprendre par cœur le sixième livre de l'*Énéide*, pour avoir confondu les myriapodes avec les hémiptères, ou, si vous aimez mieux, les mille-pattes avec les punaises! C'était mérité. Pourtant, nous allons essayer de nous en tirer, et de pasticher un peu, entre nous, les grands prêtres de l'épingle et de la plaque de liége. Vous allez voir comme c'est facile et rapide! D'abord, un petit tableau synoptique de tous les cousins du phylloxère va nous faire voir l'ensemble de ce groupe intéressant; puis, après, nous ferons comme nous pourrons : à la guerre comme à la guerre!

Je ne demande qu'une faveur, oh! bien mince et toute petite; c'est qu'il me soit permis de continuer à parler français. Je ne me sens pas le courage de dire *phylloxera* en latin, quand il est si facile de dire *phylloxère*, comme tout le monde doit faire, et je demande formellement la permission d'écrire et de prononcer phylloxère, toutes les fois que je le pourrai. Cela ne coûtera rien à personne et me fera beaucoup de plaisir.

TABLEAU SYNOPTIQUE

DES HÉMIPTÈRES FORMANT LE TROISIÈME ORDRE DES INSECTES

Ordre.	Sections.	Familles.	Genres.	Tribus.	Espèces.
Insectes Hémiptères.	Hétéroptères.	Géocorises (Punaises de terre).	Punaises proprement dites....... Punaises des bois ou Pentatomes.		
		Hydrocorises (Punaises d'eau).	Nèpes..... Notonectes. Ranâtres, etc.		
	Homoptères..	Cicadaires.	Cigales.... Centrotes. Cercopes... etc.......		
		Gallinsectes ou Cocciens.	Cochenilles. Kermès,etc.	Tribu intermédiaire.	
		Aphidiens.	Pucerons..	Phylloxériens...	P. du chêne commun. P. du chêne à kermès. P. de la vigne.

Toutes ces indications sont fort claires et précises, bien qu'il ne m'ait pas paru nécessaire de compléter l'indication synoptique par les tribus et les espèces des genres dont il n'est pas question ici.

Nous parlons phylloxère, et nous devons borner notre attention à l'objet de cette étude. Ainsi, la tribu des phylloxériens est intermédiaire entre celles qui dépendent du genre cochenille et celles du genre puceron ; elle comprend trois espèces, dont deux vivent sur les chênes et l'autre, la *nouvelle*, celle de M. Planchon, *paraît* être spéciale à la vigne. Il ne *semble* pas qu'on en soit très-sûr, en sorte qu'il nous faudra, peut-être, essayer la solidité de cet échafaudage.

En résumé, disons que les *insectes* forment la quatrième classe des animaux articulés ; que cette classe est divisée en huit ordres, d'après les caractères des ailes ; que le troisième ordre des insectes, celui des hémiptères, comprend les punaises, les cigales, les cochenilles et les pucerons, et qu'on le partage en deux sections, celle des hémiptères-hétéroptères et celle des hémiptères-homoptères. Ces insectes ont quatre ailes, dont les deux supérieures (élytres) sont ordinairement cornées dans la moitié antérieure et membraneuses pour le reste ; ils sont armés d'un suçoir formé de trois soies connexes composant un canal triangulaire. La section des homoptères offre des élytres demi-cornées dans toute la longueur.

Les faits les plus intéressants, relatifs aux phylloxériens, se rattachent à leur mode de développement et de reproduction. Je ne veux en dire que le strict nécessaire. Les phylloxères sont mâles ou femelles ; celles-ci sont ailées ou aptères, c'est-à-dire sans ailes. Les femelles aptères offrent, à première vue, une grande ressemblance avec le pou, mais elles sont pourvues d'un suçoir très-long qui leur sert à pomper leur nourriture sur les tissus végétaux.

La femelle ailée pond sur les feuilles, les bourgeons et les tiges, des œufs de mâles, plus petits, et des œufs de femelles, qui sont les plus gros. Ces œufs sont peu nombreux. Il en éclôt des mâles et des femelles aptères et l'accouplement a lieu à l'air. L'effet physiologique de cet accouplement persiste pendant plusieurs générations, c'est-à-dire que, à partir de ce premier point d'origine, les pontes fournissent des femelles fécondes, qui pondent de moins en moins, mais dont les produits continuent à être féconds sans le secours des mâles, jusqu'à la fin de la période.

La femelle fécondée pond un seul œuf verdâtre qui passe l'hiver accroché au bois. Il en sort au printemps une femelle sans ailes, très-féconde, dont les produits pondent à leur tour un nombre d'œufs toujours décroissant, mais donnant des insectes féconds sans accouplement nouveau. Vers la fin de la période, lorsque l'influence prolifique touche à son déclin, les pontes donnent naissance à un petit nombre de femelles ailées, ressemblant à de très-petites cigales. Ces femelles terminent la série. Elles ne pondent plus que sept à huit œufs, mâles et femelles. Après cette ponte, revient la fécondation ; puis la ponte d'un œuf unique, produisant la tête de série, c'est-à-dire la femelle sans ailes, douée du maximum de fécondité.

On a donc les phases suivantes : 1° œuf hibernant à l'air, provenant de fécondation, et produisant la femelle sans ailes, tête de série, au maximum de fécondité; 2° œufs disséminés, sans fécondation, produisant des femelles sans ailes, à fécondité décroissante ; 3° œufs rares, de fin de série, sans fécondation, produisant des femelles ailées; 4° ponte de la femelle ailée, sans fécondation, œufs rares, mâles et femelles; accouplement des produits; 5° œuf unique, hibernant, recommençant la série.

Les femelles sans ailes sont d'une couleur jaune-brun et leur longueur est de 0m00075 à peu près, avec un tiers de moins en largeur. Les œufs sont jaunes à la ponte, puis passent au gris-brunâtre ; ils mesurent environ un quart de millimètre de long sur un huitième de large. La femelle dépose en tas une trentaine de ces œufs, qui éclosent au bout de sept à huit jours. Il en sort un insecte pareil à la mère, mais dont la taille est plus petite, nécessairement, et qui ne présente encore certains organes qu'à l'état rudimentaire. Les jeunes phylloxères parviennent en trois semaines à l'âge adulte et se mettent à faire leur ponte. Les pontes commencent vers la fin d'avril et se succèdent, dans l'ordre des générations, jusqu'à la fin d'octobre. Si l'on devait les évaluer à trente individus par ponte, il y aurait huit générations de mai à novembre, et une production effrayante de plus d'un demi-milliard de phylloxères ; mais, en raison de la progression décroissante de la fécondité, dans l'évolution des séries, on n'évalue guère le chiffre total, provenant *d'une* tête de série, qu'à une trentaine de millions !

J'ai plaisir à supposer qu'il conviendrait de faire un peu de réfaction sur ce chiffre même, l'état civil de nos pucerons ne me paraissant pas établi avec une régularité satisfaisante.

En voilà bien assez, je suppose, pour que MM. les entomologistes ne nous accusent pas d'une crasse ignorance, ce qui est toujours désagréable ; mais ne serait-il pas équitable de leur poser, à eux, quelques questions insidieuses auxquelles ils pourront être en peine de répondre catégoriquement ? Pour les profanes, qui raisonnent avec peu de science, mais avec une particule de bon sens, il serait peut-être bon de savoir si le phylloxère de la vigne, le *vastatrix* de M. Planchon, est *réellement* d'importation américaine ; si cette espèce, *polymorphe* au dire de ces messieurs, ne serait pas tout uniment le phylloxère du chêne, transformé sous l'influence d'une nourriture différente, comme cela se voit très-fréquemment. On aurait aussi quelque droit de savoir si les entomologistes, si forts sur les articles des antennes, se sont assurés de l'impossibilité d'une transformation de certains cocciens ou de certains aphidiens en phylloxériens, qui sont des intermédiaires, aussi voisins que faire se peut de ces deux genres, et l'on sait qu'il se produit des phénomènes plus étranges que celui-là, qui serait très-digne de l'attention des spécialistes. Qu'y aurait-il de si étonnant à ce que les phylloxères fussent le produit d'une évolution de certaines cochenilles ou de certains pucerons, quand il est constaté que le cysticerque du mouton ou du porc se change en tænia dans les intestins de l'homme ou du chien, en passant dans un milieu différent et par suite d'une modification alimentaire ou d'autres circonstances encore inconnues ?

Si les entomologistes avaient été sages, ils se seraient bornés à dire qu'ils avaient constaté l'existence d'un phylloxérien; ils n'auraient pas été plus loin, parce qu'ils ne peuvent affirmer que cela, qu'ils ne savent rien, absolument rien de la causalité, et que, en se prononçant comme ils l'ont fait, inconsidérément et à l'étourdie, ils assumaient la responsabilité des conséquences épouvantables qui frappent la viticulture.

Je m'arrête dans cet ordre d'idées. Aussi bien le lecteur trouvera-t-il que ce n'est pas la peine de perdre son temps à des banalités insectologiques qui représentent seulement un point d'interrogation. La science des *insectologues* ne va pas plus loin; ils ne peuvent nous être utiles à rien; ils n'avaient rien à dire et devaient se contenter de constater la présence d'un insecte de telle tribu, de tel genre, de telle famille, de tel ordre, sans oser se permettre des affirmations hasardées sur des causes dont ils sont ignorants. Ils ne savent pas d'où vient leur phylloxérien et ne peuvent pas le savoir actuellement; mais leur amour-propre les a entraînés, et c'est sur eux que doit retomber le poids des fautes commises dans la fausse voie où ils ont engagé le débat et les recherches.

ÉTAT DE LA QUESTION

Au temps des disputes sur l'oïdium, les opinions étaient partagées d'une manière fort nette. Les uns prétendaient que le champignon était la cause du mal, qu'il constituait la maladie; les autres soutenaient que la maladie était causée par la mauvaise culture et une nourriture insuffisante; mais que le champignon n'était rien autre chose qu'un symptôme extérieur. Aujourd'hui, comme alors, les deux mêmes opinions contradictoires sont en présence, de la même façon, dans les mêmes termes.

Alors, comme aujourd'hui, les naturalistes, les micrographes, les hommes influents ont réussi à faire dévier la direction raisonnable des recherches vers le côté qui donnait satisfaction à leurs idées préconçues; alors, comme aujourd'hui, les récompenses ont été proposées, non pour la guérison de la vigne par des moyens culturaux, mais pour la destruction du champignon, de la moisissure. Plus ça change, plus c'est la même chose! Je me trompe, car le cliché est incomplet; c'est pire aujourd'hui.

Non-seulement les mêmes coteries, presque les mêmes hommes, n'ont songé qu'à la glorification de leur thème favori, champignon ou petite bête, mais ils sont arrivés à faire prendre aux législateurs une décision conforme à leur utopie; ils ont fait déclarer officiellement leur petite bête comme cause unique de la maladie; ils ont suscité d'innombrables convoitises, ouvert la porte toute grande aux spéculations de toute espèce, et livré la viticulture, sans défense, à la tribu des exploiteurs.

En face de cela, les partisans de la raison et de l'observation agricole ont fort à faire, s'ils ne sont pas condamnés par avance. Démontrer que les insectologues ont tort n'est pas difficile; mais ce qui est impossible, c'est de leur faire admettre qu'ils ont tort. Or, tout le temps qu'ils ne l'avoueront pas, comme ils tiennent la corde et dirigent le mouvement, ce sera du temps perdu que celui qu'on dépensera à vouloir les convaincre. Certaines rancunes sont faites de bon drap, dit-on, puisqu'on n'en voit pas la fin; mais ces rancunes-là sont du fétu si on les compare à l'entêtement scientifique. Je n'ai connu qu'un savant osant se déjuger. Il est vrai que cet homme remarquable n'est pas un savant pour rire ; mais on peut se demander s'il aurait eu ce courage et cette abnégation si, au lieu d'être un chimiste éminent et un habile agriculteur, il n'eût été qu'un entomologiste. Donc, rien à faire, rien à espérer de ce côté.

Sans doute, la Chambre législative et le Sénat verront autrement les choses, si l'on peut parvenir à prouver, rationnellement et matériellement, que la vigne la plus violemment atteinte est facilement guérissable, en dehors de la théorie des phylloxéristes, contrairement à cette théorie, et par de simples moyens de culture; mais ce n'est là qu'un espoir, et il ne faut pas non plus méconnaître l'action des influences. C'est qu'un titre de professeur ès-sciences, de membre de l'Institut, de président d'une Société agricole, cela sonne bien et pèse dans la balance, même en temps d'égalité, contre les opinions, les observations et les expériences de gens sans titres, privés de tout prestige officiel ou semi-officiel ! De ce côté donc, problème !

Si l'on pousse plus loin l'analyse de la situation, on trouve mille ou quinze cents inventeurs d'insecticides, de traitements, de remèdes, qui vont se persuader qu'on leur en veut, qu'on cherche à leur faire tort et à ruiner leur petit commerce, tout en diminuant leurs espérances. Que de cris et de malédictions ! Ils ne peuvent mutuellement se souffrir, parce qu'ils croient, tous et chacun, que les autres empiètent sur leurs droits, et que, seuls, ils ont découvert la panacée. La fée aux trois cent mille francs les a touchés de sa baguette. Ils se voient déjà, même dans leur sommeil, couverts d'or et d'honneurs, si même ils n'aperçoivent, dans une vague pénombre, le profil du bronze qui fera connaître leur visage à la postérité. Mais comme tous vont se réunir, dans une cordiale et fraternelle étreinte, contre le malappris qui osera porter la main sur l'arche de leurs produits, sur les inventions de leur génie ! Car ils ont tous du génie. C'est comme cela, chez nous. Plus de soldats, tous généraux ! Tout s'en est mêlé; cordonniers, tailleurs, portiers, chaudronniers, épiciers, huissiers, gargotiers, se sont crus les messies de la vigne et, avec la plus belle assurance du monde, ils ont apporté le fruit de leurs veilles et de leurs élucubrations. Je ne parle pas des gens instruits, des spécialistes, des viticulteurs; ceux-là étaient dans leur rôle et leur devoir. Mais les autres ? Quand toutes ces excitations vont être exaltées, que tous ces appétits vont être aiguisés par la contradiction, il ne fera pas bon de s'aventurer au milieu de tous ces belligérants, et malheur à l'imprudent qui se trouvera condamné à dire leur fait à ces incompris !

Et les spéculateurs en cépages américains ? Pense-t-on qu'ils réservent leurs plus aimables sourires pour celui qui dévoilera leurs calculs et élèvera la voix contre leurs arguments ? Non pas, certes; car c'est une indignité d'oser toucher à quelque chose qui ressemble à du commerce; un tel méfait mériterait tous les châtiments, et si jamais l'audacieux se trouve à leur merci, il aura à passer des moments effroyables.

Voilà bien l'état de la question. Du côté des phylloxéristes, tout; de l'autre côté, rien, ou si peu de chose que ce n'est pas la peine d'en parler. Si j'étais seul, j'aurais peur et je reculerais avec une sage prudence; mais je suis en bonne compagnie, et cela donne du courage. Il me semble, lecteurs, que vous allez partager la moitié de mes dangers, que vous m'aiderez à sortir des endroits difficiles et des défilés où l'on pourrait me faire choir dans quelque embuscade. Cette pensée me rassure contre mes terreurs, et si nous marchons ensemble, la campagne n'a plus rien de terrible; ce n'est plus qu'une promenade militaire.

MESSIEURS LES PHYLLOXÉRISTES.

Quand on veut bien se battre, le vrai courage ne consiste pas à se jeter, tête baissée, au milieu de ses adversaires, sans connaître les forces dont ils disposent. Il faut, au contraire, étudier en détail les ressources de l'ennemi, afin de prévoir ses mouvements, ses attaques et ses ripostes, puis, s'en aller bravement, posément, froidement, faire son devoir. Il nous faut donc, par similitude, connaître les arguments des phylloxéristes avant de songer à les rétorquer. C'est élémentaire.

Par ainsi, à tout seigneur, tout honneur ! M. le rapporteur de la Commission sur la proposition Destremx a tous les droits à la priorité, et je me ferais scrupule de ne pas examiner son travail en première ligne, d'autant plus que, toute *passionnette* mise de côté, le rapport de l'honorable M. de Grasset me paraît remarquablement écrit, bien que j'aie à le combattre presque de la première à la dernière ligne. J'analyse ce document par extrait en conservant et soulignant, autant que possible, les expressions de l'auteur qui peuvent présenter une importance dans la discussion :

D'après M. le rapporteur, la Commission a dû se livrer à une *enquête approfondie... Sa tâche est loin d'être terminée*, néanmoins elle n'a pas cru devoir attendre plus longtemps pour saisir l'Assemblée d'une première proposition... *La maladie* qui frappe nos vignobles depuis 1865 *a pour* CAUSE UNIQUE *un insecte, le phylloxera, signalé pour la première fois en juillet* 1868, *par M. Planchon*, professeur à la Faculté des sciences de Montpellier...

Après ces prolégomènes, M. le Rapporteur jette un coup d'œil sur les désastres constatés; puis, il croit utile de fournir à l'Assemblée quelques renseignements sur la manière dont *le phylloxera attaque et détruit les vignes*, et il annonce que, *d'après les calculs faits par de savants entomologistes*, un seul insecte pourrait, d'avril à octobre, donner naissance à plusieurs milliards de ses congénères... Ces légions *s'attaquent aux racines de la vigne*, en les criblant de piqûres qui ne tardent pas à *amener une perturbation profonde dans la circulation de la sève; sous cette influence, les racines entrent bientôt en décomposition ; la plante, privée de nourriture, s'atrophie et finit par succomber*. Dès que les racines d'une vigne n'offrent plus à l'insecte les sucs dont il se nourrit, il va chercher sa subsistance et porter de nouveau la maladie et la mort sur les ceps épargnés jusque-là...

Nous n'avons pas intérêt à suivre M. le Rapporteur dans son histoire de la propagation de l'insecte, issue, évidemment, du cerveau des savants entomologistes; mais il importe de relever, dans leur entier, certaines phrases essentielles et caractéristiques. L'honorable M. de Grasset affirme que « *toute vigne atteinte est une vigne morte; elle pourra lutter contre le mal pendant une ou plusieurs années, suivant les moyens de résistance qu'elle trouvera dans sa vigueur, ou dans certaines conditions de sol ou de climat, mais une fois atteinte par le redoutable insecte, elle est fatalement condamnée à périr.* »

Un peu plus loin, M. le Rapporteur dit que « comme *moyen préventif, on s'est contenté jusqu'à présent d'arracher et de brûler sur place les premières vignes atteintes par le phylloxera.* Il n'est plus temps de recourir à ce moyen dans les pays où de grands espaces sont envahis; *l'erreur dans laquelle quelques hommes, dont l'opinion devait avoir une grande influence, ont trop longtemps persisté en voulant trouver ailleurs que dans la présence du phylloxera la cause du mal, a certainement empêché d'accorder à ce moyen de préservation toute l'importance qu'il aurait méritée...* »

La Commission a vu *avec plaisir* le préfet du Rhône et celui de la Corse *prendre des arrêtés approuvés par le ministre pour prescrire d'arracher et de brûler les premières vignes attaquées* dans leur département; cependant elle croit « qu'il serait indispensable de joindre à cette *sage précaution la désinfection du terrain, l'empoisonnement dans le sol même de tous les pucerons qu'il peut renfermer*, empoisonnement *facile* par certains gaz et *sans inconvénients*, puisque l'on n'aurait plus à tenir compte de l'existence des vignes dont on a décidé la destruction. » La Commission compte bientôt présenter un projet de loi pour rendre ces mesures préventives efficaces et *indiscutables !*

M. le Rapporteur ajoute des observations sur les moyens de guérison ou de remplacement des vignes atteintes : l'irrigation, ou mieux, la submersion des vignes vaut à M. Faucon un juste tribut d'éloges ; l'introduction des nouveaux cépages conduit à quelques remarques sur les vignes d'Amérique, empreintes de justesse et de sagacité, et sur lesquelles il y aura lieu de revenir ; enfin, l'emploi des insecticides fournit à l'honorable M. de Grasset l'occasion d'une aimable répétition : « *L'unique cause du mal dont la vigne est atteinte est l'insecte qui s'attache à ses racines; cette vérité, contestée malheureusement pendant trop longtemps, est maintenant universellement reconnue et ne peut plus, croyons-nous, être mise en doute.* »

Après cela, il est bien évident que c'est aux insecticides qu'il faut s'attacher, mais M. le Rapporteur nous apprend que les expériences de la Commission spéciale de Montpellier, « poursuivies avec tout le zèle et l'intelligence possibles, n'ont malheureusement pas donné jusqu'à ce jour de résultat certain. »

Par ces extraits du rapport, contenant tout ce qu'il y a d'essentiel dans cette pièce, le lecteur peut voir que les appréciations du paragraphe précédent sont loin d'être exagérées. Les anti-phylloxéristes auront fort à faire. Pourtant, j'oserai me permettre, très-poliment, très-respectueusement, mais très-fermement, d'être d'un avis tout contraire à celui de la Commission, dont le rapport, j'imagine, n'est pas indiscutable et infaillible. Voici donc ce que j'aurais eu l'honneur de répondre, à la tribune même, si j'avais été député, appartenant à une fraction quelconque de la Chambre législative :

« L'honorable Rapporteur vous a parlé, Messieurs, de l'enquête approfondie, mais non terminée, à laquelle la Commission a dû se livrer, pour apporter devant vous le travail dont vous venez d'entendre la lecture. J'applaudis à ces efforts, mais je n'en vois pas clairement les résultats. Sur les affirmations qui sont données par de savants entomologistes, intéressés à faire un sort à leur petite bête, le Rapporteur affirme, par deux fois, que la seule et unique cause de la maladie est le phylloxère de M. Planchon; mais aucune preuve ne vous est présentée à l'appui de ce dire, et vous avez le droit et le devoir de demander des preuves. Le rapport dit que le philloxère attaque la vigne par les racines, que ses piqûres troublent la circulation de la séve, que la décompositien des racines est due à son influence, et que la privation de nourriture, qui en est la conséquence, conduit à l'atrophie et à la mort. Je ne vois pas non plus la plus légère preuve à l'appui de ces assertions, et je le regrette d'autant plus vivement que beaucoup d'hommes expérimentés, auxquels il ne manque, peut-être, que d'être de savants entomologistes, prétendent le contraire. Ces hommes, considérables par leurs connaissances réelles des choses agricoles, reconnaissent la vérité du tableau si bien tracé par le rapport; mais ils affirment précisément que le phylloxère n'attaque la vigne que parce qu'elle manque d'une nourriture suffisante dans un sol épuisé, et qu'il y a déjà un commencement de décomposition des racines. A deux reprises, le rapport repousse avec une certaine hauteur l'opinion de ces hommes compétents, les déclaré dans l'erreur la plus manifeste, sur la parole non prouvée des entomologistes. Cette parole ne suffit pas, et les opinions d'hommes habitués aux questions culturales me semblent mériter, au moins, les égards d'un examen sérieux et non le dédain d'une simple dénégation.

« L'observation que j'ai l'honneur de présenter devant la Chambre est d'autant plus digne d'attention que le rapport donne implicitement raison à l'opinion des hommes dont je parle, lorsqu'il reconnaît que certaines conditions de vigueur, de sol et de climat, peuvent permettre à la vigne de lutter contre le mal pendant une assez longue période, et il devient difficile de s'expliquer un tel système d'affirmations et de dénégations, qui ne sont accompagnées d'aucune donnée probante.

« Suivant le rapport encore, toute vigne atteinte est fatalement condamnée à périr. Cette nouvelle affirmation n'est pas plus prouvée que les autres et la preuve du contraire existe, patente, tangible, irréfutable. On pourrait, je pense, voir dans ce pronostic effrayant une simple transition, destinée à vous apprendre que le moyen préventif consiste à arracher et à brûler les vignes atteintes, que la Commission a vu avec plaisir les arrêtés de deux préfets, approuvés par le ministre, prescrivant cette mesure importante, au sujet de laquelle elle compte vous présenter un projet de loi destiné à rendre ce procédé indiscutable. Il faudrait y joindre la désinfection du terrain et l'empoisonnement des pucerons dans le sol. Je déclare hautement, devant vous, Messieurs, que je partage ces idées du rapport : une vigne arrachée et brûlée est guérie, et l'on ne risque rien à empoisonner un cépage condamné à l'arrachage. Ce sont là des axiomes; mais les arrêtés préfectoraux dont il s'agit ne me semblent pas devoir exciter autant d'enthousiasme, et je ne vois pas clairement comment il est possible, en France, de pratiquer l'expropriation arbitraire; je ne comprends même pas qu'une loi d'expropriation puisse se dresser dans l'avenir, comme une menace aux victimes du fléau, sur des affirmations d'entomologistes, absolument dénuées de preuves.

« Je termine, Messieurs, en résumant l'impression que m'a causée la lecture du rapport : Le phylloxère est la seule cause de la maladie; ceux qui disent le contraire ont tort; aucune preuve n'est présentée pour soutenir ces deux affirmations, que l'on doit croire et admettre de confiance ! J'avoue, Messieurs, que cela ne me paraît pas suffisant. Je voterai pour la loi, en regrettant que les dispositions présentées n'offrent pas le caractère de grandeur et de générosité réclamé par la situation ; mais je devais au pays, à la Chambre, à moi-même, de faire toutes réserves relativement aux allégations du rapport présenté au nom de la Commission. »

Voilà ce que je me serais fait un devoir d'exposer devant les représentants du pays. A vous, lecteurs, qui êtes mes complices ou mes adversaires, j'ai encore autre chose à dire : Comment se fait-il que l'honorable M. de Grasset, après toutes les affirmations de son rapport, après avoir accepté sans preuves les dires des insectologues et avoir repoussé toutes les opinions contradictoires, tombe lui-même dans le piége et se livre aux douceurs qu'on éprouve à se déjuger en quelques lignes ? Lisons :

« *Toute vigne atteinte est une vigne morte*;... une fois atteinte, elle est *fatalement condamnée* à périr. »

Voilà une affirmation nette et précise, et il ne s'agit pas de peut-être. Un peu plus loin, cette affimation est réduite en poussière par son auteur. Lisons encore :

« Quant aux moyens de *guérison pour les vignes atteintes,... la submersion des vignes est le seul qui*, jusqu'à ce jour, *ait donné des résultats*; il est dû à un intelligent propriétaire... M. Faucon a *sauvé*, par ces moyens, et *rendu à son plein produit*, au milieu d'autres vignes depuis longtemps disparues, *un vignoble* considérable, *presque mourant* en 1868... Son exemple a été imité; et, aujourd'hui, tous ceux qui ont étudié ce système, savants ou praticiens, *tous sont d'accord pour reconnaître que son succès paraît assuré.* »

Ainsi, M. le Rapporteur reconnaît amplement que la phrase : toute vigne atteinte est une vigne morte, n'a plus que la valeur d'un simple effet oratoire. Puisqu'il y a un procédé Faucon qui a donné des résultats, qui sauve, qui rend au plein produit, dont le succès paraît assuré, la vigne atteinte n'est plus une vigne fatalement morte, et il peut y avoir d'autres procédés, d'autres méthodes, aussi salutaires, ou même préférables.

Après l'examen impartial du rapport de l'honorable M. de Grasset, qui forme la pièce de résistance en faveur des phylloxéristes, il me plaît de passer à celui des opinions d'un entomologiste, puisque c'est à ces messieurs et à leur petite bête que nous devons le joli tohu-bohu dans lequel nous sommes plongés. Et il ne faut pas que l'on puisse m'accuser de chercher les choses faciles; une telle insinuation nuirait à ma thèse, et je n'ai pas le droit d'être imprudent. Prenons donc les opinions d'un entomologiste-phylloxériste, choisi parmi la fine fleur des pois, et que pas un des autres entomologistes ne désavouera, puisque ces opinions sont celles de M. Maurice Girard, docteur ès-sciences, délégué de l'Académie des sciences, ex-président de la Société entomologique de France! Voilà des titres sonores, ou je n'y entends plus rien.

Or, M. Girard ne s'est pas contenté de faire partie de la collection de *On*; il a publié beaucoup de choses sur les insectes et, en particulier, une brochure sur le phylloxère de la vigne; c'est un homme de valeur, dans sa spécialité. Il ne sera donc pas sans intérêt, pour nous autres anti-phylloxéristes, mis au ban de l'opinion publique par M. de Grasset, d'étudier les arguments d'un des savants entomologistes qui ont fourni à l'honorable député la base de ses affirmations. Le lecteur me permettra, j'espère, de suivre ma méthode, que je crois bonne par expérience, et de prendre les dires et les erreurs de M. Girard, au fur et à mesure, et par forme d'extraits consciencieux, répondant surtout à l'idée de l'auteur.

Donc, suivant M. Girard, ès-noms et qualités :

Un des ennemis de la vigne est un *cryptogame parasite* (*oïdium Tuckeri*) pour lequel, à la suite des *études scientifiques* et de la con naissance *exacte* des développements, on a trouvé pour *remède efficace* l'injection de la fleur de soufre... Dans une maladie *probablement nouvelle* en Europe, la vigne est *attaquée* dans les *organes premiers et essentiels de sa nutrition*, et elle meurt au bout de *peu d'années*. *Toujours* et *partout* où les vignes sont atteintes du mal qui les détruit, on trouve sur les racines un *insecte*, qui ne les quitte qu'au moment où elles sont trop épuisées pour le nourrir ; cet insecte est le phylloxera.

D'où vient-il? Il est *extrêmement probable* qu'il a été importé d'Amérique avec les plants de ce pays (1). « Il *serait* bien difficile d'imaginer, *comme le dit M. Planchon*, qu'un insecte aussi destructeur que le *phylloxera*, s'il était réellement indigène, *serait* rest éinconnu aussi longtemps, puis *aurait* pris, tout d'un coup, une marche aussi effrayante. » M. Planchon voit dans *l'extension graduelle un fait d'importation récente*.

Laissons de côté la description pittoresque des effets produits, la *tache d'huile* de M. Gaston Bazille, pour laquelle il y aura une explication raisonnable, les *renflements* et les *cas foudroyants* de M. Girard. Cela n'est que du style descriptif; c'est très-beau, sans doute, mais ce n'est pas utile pour le moment. On peut seulement signaler, en passant et comme distraction, un peu de gauloiserie ne pouvant nous faire de mal, le français bizarre de M. Planchon, professeur à la Faculté des sciences de Montpellier : *Il serait difficile, s'il était indigène, qu'il serait resté inconnu et aurait pris une marche effrayante!* Voilà qui mérite l'attention des puristes, et Pandore s'inclinerait devant la concurrence. Mais suivons M. Girard, car nous voici, suivant le mot germanique, à l'instant psychologique. M. le docteur Girard brûle ses vaisseaux et se décide à nous donner des arguments à la suite de son thème, sous cette rubrique flamboyante : « *Le phylloxera est la cause directe de la maladie!* » M. le docteur est presque aussi rusé qu'un avocat ; il commence par émettre sa proposition ; mais comme, en bonne procédure, il devrait fournir les preuves de son fait, à lui, il se retourne et fait tête en disant à ses contradicteurs : Moi, je ne prouve rien, mais vous, que j'attaque, prouvez-moi, *par des faits*, que vous avez raison!

(1) En attendant la réponse aux histoires de M. Girard, je prendrai la liberté grande de lui dire que son exemple de la *punaise des lits*, choisi par lui pour justifier l'importation des insectes, est un exemple malheureux. Le *Cimex lectularius* de Linné était si peu inconnu avant le XVIe siècle, qu'il tracassait déjà les épidermes romains sous Auguste. Voir le latin *Cimex* et le grec *Coris* (*κόρις*) quant à l'histoire et à la lexicographie naturelles.

Calmez-vous, docteur ; cela viendra. Vous aurez le raisonnement et les faits. Vous êtes trop impatient, et l'on dirait d'un jeune homme! Voyons vos arguments; nous nous y rendrons s'ils sont seulement... raisonnables.

I.— La *propagation par taches* est *conforme à l'idée d'un insecte amené de loin* par une cause quelconque. Si le mal était dû à des *causes atmosphériques*, tout le vignoble serait attaqué à la fois.

II. — Doit-on chercher la cause du mal dans une mauvaise culture, l'absence de façons et de fumier, la taille courte, etc.? Si des vignes fort *mal tenues* sont atteintes, d'autres soumises aux *meilleures pratiques de taille*, *admirablement fumées* et cultivées, l'ont été également. S'il y a des insectes qui recherchent les végétaux affaiblis et malades, d'autres attaquent les plantes les plus vigoureuses. Plus la vigne est vigoureuse, plus elle est fortement attaquée, parce *qu'elle donne plus de sucs nutritifs au phylloxère*... Dans les palus du Bordelais, excellentes terres d'alluvion, où les générations se multiplient avec l'abondance du festin... *il n'y a pas certes épuisement du sol.*

III. — On a parlé de dégénérescence des cépages, par la vieillesse, ou par le choix d'un terrain peu convenable. L'insecte se porte sur tous les cépages, sans exception, dans tous les sols, sauf ceux très-mouillés ou très-sablonneux, sur des vignes séculaires comme sur des vignes de deux ans.

IV. — Des *praticiens* affirment que la vigne doit sa dégénérescence à une reproduction multiséculaire par boutures, et qu'on devrait revenir aux semis. M. Girard ne croit pas à la dégénérescence.

V. — On a invoqué la sécheresse, mais depuis dix ans on a eu de la sécheresse et de l'humidité, et le phylloxère a marché, comme il vit en Amérique, par des années sèches ou humides.

VI. — M. le docteur Girard déclare que l'on peut inoculer le philloxère sur la racine d'une vigne saine.

VII. — Mais l'inverse a lieu également. Un Irlandais a déplanté ses vignes de serre, en a brossé et lavé les racines, les a replantées, et elles ont repris leur santé.

VIII. — Enfin, M. Girard fait un peu d'histoire et même de médecine. Il dit qu'on a attribué aussi l'oïdium à un *effet*, mais que la santé des vignes est revenue lorsque le cryptogame a été attaqué par le soufre pulvérulent. On dit qu'après la destruction du phylloxère, il viendra autre chose pour attester l'état maladif antérieur... Notre auteur attendra l'épreuve! La gale n'est plus regardée comme une maladie de cause interne, depuis qu'on sait tuer le sarcopte; le tænia et les vers intestinaux, le charbon des céréales, le noir de l'olivier, disparaissent quand on en attaque la cause extérieure par un traitement approprié. L'auteur ne nie pas l'*influence secondaire des circonstances atmosphériques*, *du sol*, *de la culture*, mais il affirme que, *dès qu'on supprime le phylloxère, on supprime la maladie.* Pour lui donc, *l'insecte est la cause*, et c'est lui qu'il faut tuer avant tout.

N'est-ce pas, lecteurs, qu'en voilà bien long et que ces arguments pressés forment une grosse phalange? Eh bien, malgré cela, M. l'ex-Président de la Société entomologique de France ne m'a pas convaincu le moins du monde. Tout au contraire, les arguments qu'il invoque me confirment dans mon obstination, parce que je veux voir clair pour avouer la lumière, et que toute cette phraséologie me paraît fort obscure. Comme je n'ai et ne puis avoir de raisons qui me forcent à croire les paroles des entomologistes, s'ils ne prouvent pas ce qu'ils avancent; comme M. Girard n'a rien prouvé du tout de sa thèse, il voudra bien me permettre de rester dans le camp des anti-phylloxéristes. Au surplus, je vais donner mes pauvres motifs, afin que vous en jugiez; mais, auparavant, je crois nécessaire de relever une phrase assez malsonnante de M. le docteur Girard. M. le docteur semble s'offenser de ce qu'on oppose le mot *praticiens* au mot de *savants* et surtout à celui de *savants officiels*, qui est, dit-il, presque une injure pour certaines personnes... Où donc M. Girard a-t-il vu qu'il puisse y avoir deux sciences, l'une officielle et l'autre non officielle? Il y a la science, Monsieur le docteur, la science, tellement vénérée par tous, en France, que les praticiens dont vous parlez ont été régulièrement trompés en son nom depuis nombre d'années. Il y a les vrais savants et les faux savants, mais il n'y a pas de savants officiels. Les savants qui émargent au budget ont le devoir d'être des savants, voilà tout. Le remplissent-ils toujours? Savent-ils toujours ce qu'ils disent et ce qu'ils affirment avec tant de morgue? C'est une autre question, à laquelle l'histoire agricole pourrait répondre. Si je ne le fais pas ici, si je ne montre pas à qui l'agriculture est redevable des exploitations honteuses qui ont eu lieu et qui persistent encore à ses dépens, c'est que je ne veux pas me laisser détourner par des mouvements de ce genre et qu'à chaque jour suffit sa tâche. Les engrais factices, à eux seuls, pourraient être l'objet de terribles divulgations, et il faudra bien que, dans un temps donné, le public qui paye sache à quoi s'en tenir.

Donc, il s'agit des arguments de M. le délégué de l'Académie des sciences, laquelle n'est pas responsable du raisonnement de son délégué.

On parlait d'un insecte; l'Académie a délégué un entomologiste.

Rien de plus simple; mais ici M. Girard ne nous présente que ses arguments et non ceux de l'Académie, fort heureusement.

Or, M. Girard se trompe au sujet de l'oïdium, quand il dit que des *études scientifiques* et la *connaissance exacte* du développement ont conduit à un *remède efficace* trouvé dans le soufre pulvérulent. Si la science est faite comme cela quand elle est exacte, il n'y a pas lieu de lui adresser des compliments ni des éloges. M. le docteur a voulu, sans doute, plaisanter; car il doit savoir que l'oïdium reparaît tous les ans, qu'on le tue tous les ans avec n'importe quoi, mais que, depuis trente ans, il se montre malgré la science, l'observation exacte et le soufre. J'ai encore eu l'occasion de faire traiter, cette année 1878, des vignes oïdiées dans les Charentes, et j'ai vu l'oïdium bien ailleurs. Cela prouve-t-il qu'on a mal décrit le cryptogame? Non; les botanistes sont, dans leur genre, au moins aussi forts que les entomologistes; mais cela prouve péremptoirement qu'il y a autre chose que la moisissure, qu'il y a une cause à laquelle la science, le microscope et le soufre n'ont pas remédié. Si la vigne était guérie de la cause de l'oïdium, on ne reverrait plus le champignon.

Quant au phylloxère, M. le docteur Girard a une manière de raisonner à lui, qu'il consentira à laisser mettre sous une forme plus claire que la sienne. La maladie actuelle est *probablement nouvelle* en Europe, et il est *extrêmement probable* que le phylloxère a été importé avec les plantes d'Amérique. On voit déjà que M. Girard n'est pas certain; que, à ses yeux, ces deux propositions sont seulement *probables*, malgré l'opinion de M. Planchon, exprimée comme vous savez. Cette tournure équivoque permet à M. le docteur de décrire une ellipse et de ne pas se fatiguer à donner des preuves. C'est une opinion non justifiée, une appréciation. Mais, entre ces deux probabilités hypothétiques, le savant entomologiste hasarde une affirmation : *Toujours et partout*, sur la vigne atteinte, on trouve un insecte, le phylloxera. Où est la preuve de cette allégation? Il n'y en a pas. M. Girard n'admettrait pas cette manière de raisonner chez autrui, j'aime à le croire, surtout s'il possédait la preuve contraire. Or, cette preuve contraire est fournie par un homme bien connu des viticulteurs, M. Marès, qui après deux mois de recherches sur les racines des vignes malades, en 1868, n'a pu y découvrir un seul puceron. Quand même il y en aurait partout, maintenant, il ne résulte pas moins, des dires de M. Marès, que l'affirmation de M. Girard est le résultat d'une illusion, qu'elle ne prouve rien du tout, puisqu'on a constaté la maladie spéciale sans la présence du puceron. Le contraire de ce que M. Girard affirme sans preuve est affirmé par un autre observateur digne de foi, qui se borne à une dénégation en fait.

Voyons donc, dans l'ordre des nombres, la valeur des argument du célèbre entomologiste.

I. — M. Girard trouve que *l'importation probable* de l'insecte est justifiée par la propagation par taches, qui est *conforme à l'idée* d'un insecte amené de loin. Voilà une probabilité conforme à l'idée que s'en fait M. Girard; soit, je n'y contredis point, car en matière d'hypothèses on jouit d'une honnête liberté; mais où est la moindre preuve en faveur de cette idée probable ? Et encore, il est absolument contraire aux observations viticoles que la totalité d'un vignoble doive être attaquée *à la fois*, en admettant que le mal soit dû à des causes atmosphériques. Cette allégation, assez singulière, prouve que le savant entomologiste ne sait rien de l'influence du sol, ni de ce qui se passe dans les plans inférieurs de la nutrition. Ce n'est pas un reproche; on ne peut pas être universel, et l'élytre ou l'antenne constitue une spécialité très-suffisante.

II. — Oui, certes, Monsieur le docteur; on doit *d'abord*, avant de s'adresser à votre science du tarse et du suçoir, à votre immense talent d'entomologiste, chercher la cause du mal dans les conditions culturales, mais non comme vous paraissez le comprendre. Franchement, ce n'est pas votre affaire. Ce que vous appelez les *meilleures pratiques de taille* et *une fumure admirable*, avec tant de lyrisme, me paraît à moi, comme à tous ceux qui ont réellement cultivé de leurs mains, qui ont observé de leurs yeux, en y joignant un peu, si peu que ce soit, de science, une des causes directes de la maladie de la vigne, et j'aurai l'insigne honneur de vous dire pourquoi tout à l'heure, si toutefois vous n'avez pas jeté au feu, dès la première minute, des feuillets impertinents où l'on dit *qu'on veut* que vous prouviez ce que vous dites.

M. le docteur parle des palus du Bordelais... Et il a raison, sous un rapport du moins, car ces palus ne sont pas épuisés, quant à une foule de plantes qui y trouveraient un habitat fort confortable. Pour la vigne c'est autre chose, et je voudrais bien savoir si M. le délégué de l'Académie a vérifié le sol des palus à cet égard. En tout cas, M. Girard, qui se mêle d'agriculture et qui est entomologiste, n'apporte pas de preuves, pas même de prétextes, à l'appui de son dire. Encore une allégation.

III. — Ceux qui ont dit à M. Girard que les cépages ont dégénéré par vieillesse ou par choix d'un mauvais terrain, se sont trompés dans leur expression, bien que leur pensée soit juste.

IV. — Ceux qui affirment que la vigne est dégénérée par suite de la reproduction par boutures, se sont trompés également. Les viticulteurs attent s ne croient pas à la dégénérescence, pas plus que M. Girard n'y croit lui-même. La vigne n'a pas dégénéré; mais, par la vieillesse, c'est-à-dire par un séjour trop prolongé dans un même sol, surtout s'il est déjà mauvais au point de départ, il arrive une époque où la vigne a épuisé le sol de ce qui lui est indispensable. Ceci sera *prouvé* dans un autre paragraphe, et les palus de Bordeaux ne seront pas oubliés.

V. — On peut abandonner au savant entomologiste son argument tiré de la sécheresse ou de l'humidité. Ce qui est juste, rationnel et d'observation pour les moisissures, ne signifie rien dans le cas présent. Personne ne songe à révoquer en doute l'existence ou la marche de l'insecte; il ne s'agit pas de lui, ni de sa résistance à la sécheresse ou à l'humidité; il s'agit de la cause pour laquelle nos cépages sont attaqués par la petite bête de M. Planchon, et l'on évite d'aborder ce sujet, le seul vrai, le seul utile, parce qu'il est fort pénible d'avouer qu'on n'y entend rien. M. Girard est plus habile, car il se dérobe par les à-côté, par les accessoires, sur lesquels, au demeurant, il n'exhibe pas davantage le plus petit spectre de la plus petite preuve.

VI. — M. le docteur dit que l'on peut inoculer le phylloxère sur une *vigne saine*... Serait-il indiscret de demander si l'auteur s'est bien rendu compte de ce qui caractérise une *vigne saine*, par rapport au sujet qui nous occupe? Si oui, n'en parlons plus! J'ajouterai seulement que là où M. Girard dit oui, d'autres disent non. M. de Serres-Monteil n'a pas pu inoculer le puceron sur une *vigne saine*, d'où je conclus que la *vigne saine* de M. le docteur ès-sciences n'est pas la même, car la convenance oblige à accepter les deux affirmations contraires comme exactes en fait.

VII. — L'Irlandais de M. Girard a du bon, et j'approuve Paddy. Il a déplanté, brossé, lavé, replanté, et il a guéri. Très-bien. Il manque un détail à la touchante histoire, et le narrateur ne nous dit pas si la terre a été changée, ce qui serait bon à savoir. Par une fatalité étrange, c'est toujours le nécessaire qu'on oublie.

VIII. — M. le docteur Girard sait bien que les vignes ne sont pas guéries de l'oïdium; s'il ne le sait pas, il peut l'apprendre, ce qui lui prouvera, quoi qu'il en ait, que l'oïdium a été et est un *effet*, malgré la science, celle, bien entendu, de ceux qui ont *travaillé* cette question, et malgré le soufre. Il paraît que le savant délégué de l'Académie attendra, philosophiquement, que l'avenir démontre un état maladif antérieur. La philosophie est admirable chez l'entomologiste, même quand il transperce un coléoptère ou un phalène; mais il est au moins douteux que les propriétaires-viticulteurs et les vignerons prennent la chose avec autant de calme. Affaire de tempérament et d'intérêt, après tout ! Cependant, une chose étonne encore : Pourquoi donc M. le docteur-entomologiste s'avise-t-il de parler médecine après avoir si mal réussi en histoire ? Pourquoi donc confond-il la petite bête de M. Planchon, laquelle n'est pas un parasite, avec le sarcopte de la gale, qui est un parasite-épizoaire ; avec le tænia et les vers intestinaux, qui sont des entozoaires, mais dont le parasitisme est douteux ; avec le charbon (*Uredo*) des céréales et le noir de l'olivier qui sont des parasites épiphytes ? Tuer le sarcopte, le tænia, le charbon, le noir, tout cela n'est qu'une misère ; mais pourquoi l'oïdium, qui n'est pas un parasite, tué tous les ans, reparaît-il tous les ans ? Pourquoi faire du tort au phylloxère, en le comparant au sarcopte, lorsqu'il est, au fond, une honnête petite bête, très-curieuse, vivant de matières végétales ou végéto-animales, et qui n'est nullement parasite ?

Si M. le docteur daigne consentir, avec un petit ton dégagé et une désinvolture attrayante, *à ne pas nier l'influence secondaire*, oh ! tout à fait secondaire, *des circonstances atmosphériques, du sol, de la culture*, en revanche, il termine ses arguments par deux affirmations : *Dès qu'on supprime le phylloxère on supprime la maladie !... L'insecte est la cause !...* Mais voilà : ces deux affirmations ne sont suivies d'aucune preuve et, pour tout homme de bon sens, il ne doit en être tenu aucun compte.

Le lecteur voudra bien consentir, j'espère, à ce que, pour faire honneur à un adversaire d'aussi grande science et aussi... conséquent avec lui-même, j'établisse le bilan de l'argumentation de M. l'ancien Président de la Société des entomologistes de France. On trouve dans tout cela : une plainte modeste à propos du mot de savants officiels, deux allégations erronées en fait sur l'oïdium, deux probabilités avec une idée conforme, deux affirmations contestées par d'autres témoignages, trois allégations non justifiées par quoi que ce soit, en fait, sur les influences atmosphériques, les bonnes conditions culturales, l'admirable fumure et l'épuisement du sol, deux inutilités sur la dégénérescence, l'humidité ou la sécheresse, une plaisanterie irlandaise, un hors-d'œuvre extra-médical, avec confusion entre les parasites et, pour clore, deux affirmations sur le mode majeur, comme conclusions, toutes deux sans une parcelle de preuve. Voilà bien tout ce qu'il y a dans les huit rubriques de M. le docteur Girard, et j'ose me permettre de trouver que rien n'est pas assez, même pour un savant entomologiste.

LES OPINIONS ANTI-PHYLLOXÉRISTES.

Le lecteur peut maintenant, ce semble, laisser à l'écart les autres partisans du phylloxérisme, car, après avoir étudié les dires d'un savant de grande autorité, ce n'est pas la peine de tomber dans les minuscules. Il convient donc de placer, en regard des allégations sans preuves, des affirmations contestées, des probabilités non justifiées, les opinions adverses, celles des gens qui croient à l'*influence essentielle*, *réelle*, *importante*, des *actions atmosphériques*, du *sol* et de la *culture*; d'y ajouter quelques *preuves*, afin que les entomologistes arrivent à distinguer, même à la loupe, l'impartialité des appréciations qui doivent résulter du débat.

Un article sommaire sur le même sujet a déjà été publié dans une *Revue* (1) et, dans cet article, j'ai cherché à faire ressortir la vérité dans l'intérêt de la viticulture française. Je ne fais pas mystère de mon chauvinisme en toutes choses. Comme résultat, j'ai obtenu l'adhésion de quelques propriétaires et de quelques viticulteurs, qui déclarent partager mes idées, à la suite de leurs constatations expérimentales. J'y ai gagné, en outre, l'appréciation d'un anonyme qui a voulu être méchant, mais n'a pas eu la chance de réussir, même à cela; puis, la colère d'un monsieur que je ne nommerai pas, lequel, paraît-il, exerce sa bile à mon endroit d'une façon assez rageuse. C'est bien fait ! J'aurais dû savoir que M. Josse est orfèvre.

J'avais dit que les insecticides ne sont que des palliatifs et j'avais même fait voir que celui de M. Dumas présente des inconvénients. Or, il advient, par je ne sais quelle mésaventure, que le Monsieur en question s'occupe de fournir à ses compatriotes le sulfocarbonate de potassium à des prix avantageux. Donc, j'étais dans mon tort et je le confesse humblement, puisque j'avais parlé contre les spéculations de mon critique, sans le savoir. Il est vrai de dire que, si je l'avais su, j'aurais parlé exactement de la même manière.

Les anti-phylloxéristes disent à leurs adversaires des choses assez sensées, pour des hommes qui n'ont pas le privilége d'être de savants entomologistes. Leurs raisonnements feront voir que la science de l'élytre et la connaissance des yeux à facettes ne sont pas absolument indispensables pour avoir du sens commun et de la logique, au contraire. Ces hérésiarques disent donc au parti dogmatique :

(1) *Revue des Industries chimiques et agricoles*, nos 1 et 2.

1° Nous savons aussi bien que vous qu'il y a souvent un phylloxère sur la vigne malade; mais la présence de votre puceron n'est pas une circonstance absolue et essentiellement caractéristique, puisqu'on a vu des vignes malades ne présentant pas la moindre trace d'insectes, suivant les dires de M. Marès et de beaucoup d'autres personnes.

2° Dans tout ce que vous nous dites sur l'origine américaine du phylloxère et son importation, aussi bien que sur sa nouveauté, vous n'osez hasarder que des *probabilités*, tant vous êtes incertains de votre système.

3° Dans toutes vos affirmations et vos allégations sur la *cause* du mal que vous attribuez à l'insecte, vous ne fournissez aucune preuve. Or, nous n'avons pas la foi et nous ne voulons pas l'avoir. Nous sommes gens simples et peu savants; mais on a tant abusé de notre crédulité que nous prétendons changer de méthode. C'est notre droit et nous ne croirons pas un mot de vous, s'il n'est dûment prouvé.

4° Nous ne croyons pas à la *dégénérescence* des vignes françaises, et nos cépages n'ont aucun besoin d'être régénérés par le *semis*, bien qu'il puisse procurer des *gains intéressants;* ils n'ont pas surtout besoin d'être mis à la porte de chez eux pour être remplacés par les cépages résineux de l'Amérique. Nous voulons garder nos *vins de France !*

5° Nous disons et nous affirmons, malgré vous, contre vous, que l'oïdium n'a été qu'une *première manifestation de la maladie de nos vignes* et nous le prouvons, bien que vous ayez cherché à faire prendre le change sur cet objet, et que vous poussiez le sans-gêne jusqu'à ne tenir aucun compte des faits patents, quand ils font obstacle à vos idées. Notre preuve, la voici, et nous vous mettons au défi d'y répondre : Si la maladie avait consisté dans la moisissure, il est clair, conformément à l'un de vos dogmes, qu'en supprimant la moisissure on aurait supprimé la maladie. Or, vous tuez, nous tuons, ils tuent le champignon; mais la maladie subsiste, puisque ce champignon se reproduit tous les ans, malgré vos soufflets, etc. Dites ce que vous voudrez de votre mucédinée ; nous, nous disons qu'il y a un état maladif en vertu duquel votre moisissure se reproduit, quoique vous la détruisiez chaque fois, et vous ne pouvez pas nier cette reproduction, à moins de donner un démenti à tout le monde. Nous ne sortons pas de la situation que vous vous êtes faite ; si la maladie consiste dans le champignon, si elle est supprimée par la suppression du champignon, si vous supprimez le champignon, pourquoi reparaît-il ? Il y a une cause ; vous ne la savez pas ou ne voulez pas la savoir; mais il y en a une, et c'est cette cause, en dehors de votre moisissure, qui produit la maladie.

6° Nous disons et nous affirmons, malgré vous, contre vous, que la maladie de la vigne, qui s'est *manifestée* par *l'oïdisme*, lequel persiste encore, que *cette même maladie* a commencé, en 1863, à présenter une *nouvelle forme de manifestation*; qu'après l'attaque du système aérien de la vigne par un mycoderme, est venue l'altération définitive du système souterrain et l'envahissement de ce système par des *insectes inférieurs*. Nos preuves vont suivre en ordre utile.

7° Nous disons et nous affirmons, malgré vous, contre vous, que l'insecte auquel vous avez attaché tant d'importance, pour vous venger de l'obscurité où vous avaient relégués les *mycologues*, n'est pas la cause de la maladie; que *cette maladie n'est pas nouvelle*, qu'elle a déjà été manifestée par l'oïdium; que, aujourd'hui, votre phylloxère n'en est qu'une seconde concomitance symptomatique, mais qu'il n'en est pas et ne peut en être la cause primaire. Vous affirmez sans prouver. Nous affirmons et nous prouvons : 1° Vous avouez, Messieurs du dogme phylloxérien, que la *tache d'huile* de M. Bazille est conforme à l'idée de votre probabilité. A votre aise, Messieurs. Le fait reconnu par *tout le monde*, même par M. Bazille, *probablement*, c'est que le phylloxère débute aux parties centrales et que les portions qui restent le plus longtemps indemnes sont celle des bords, des lisières; que ces portions restent même inattaquées, longtemps après la mort du reste, quand la vigne est isolée. Ceci signifie pour nous, qui ne sommes pas de savants entomologistes, que les parties qui ont de l'air pour leur système aérien, et de l'espace pour leur système souterrain, sont plus réfractaires que les autres. A vous de vérifier. Ceci est admis par tous ceux qui ont des yeux et *veulent voir;* 2° Les *taches* et *plaques* dont vous parlez avec une charmante ignorance prouvent contre vous. D'après vous, l'insecte court toujours vers un *festin nouveau et succulent*. C'est M. Maurice Girard qui le dit, *à répétition*. Comment se fait-il que votre petite bête soit si bête qu'elle laisse des pieds bien portants, où la table est mise, pour aller vers des rogatons ? Il faudrait s'entendre et savoir une bonne fois s'en tenir à une idée. Il est vrai que cela est difficile quand on se traîne dans les hypothèses ; 3° Il y a des ceps plus aptes à la résistance, plus indemnes, des places réfractaires ; vous êtes tous obligés d'en convenir, et M. le Rapporteur de la Commission législative l'a proclamé, d'après vous. Cette circonstance suffit à détruire toute votre avocasserie, puisque votre insecte n'est plus le vampire omnipotent que vous nous avez signalé ; 4° Quoi que vous en disiez, la présence des insectes sur *la plus grande partie* des racines des ceps attaqués ne prouve rien, parce que vous avez voulu trop affirmer sans justification. En effet, vous n'avez pas vu que l'insecte, *quand il existe*, occupe *le plan radicellaire supérieur*, et vous n'avez pas compris que votre petite bestiole est un puits de science. Elle sait, la pauvre, comme on dit en Bordelais, que les jeunes racines de ce plan sont à quelques centimètres seulement, qu'elles sont terminées par des spongioles tendres et pleines de sucs, même dans les plantes souffreteuses... Nous ferons tout à l'heure un peu de physiologie viticole, à l'adresse des insectologues... C'est là qu'ira votre *aphis*, Messieurs, exactement comme ses frères aériens qui vont sucer leur *miellat* aux extrémités des jeunes pousses de rosiers, etc. Regardez, si vous avez des yeux pour voir, et vous verrez une belle *leçon d'entomologie*, si vous avez assez de *philosophie médicale* pour la comprendre.

8° En somme, nous, les anti-phylloxéristes, nous pouvons prendre une vigne phylloxérée, la débarrasser de votre puceron, sans lequel vous seriez encore dans les limbes de quelque société entomologique, et la rétablir en plein état de santé et de vigueur, par l'accomplissement de quelques règles simples de viticulture pratique, aidées de très-peu de la science des Boussingault, des Moll, des Gasparin, des Chaptal, à la condition qu'on ne voie qu'un jouet dans les résultats de la vôtre.

Voilà le résumé du langage que les adversaires des phylloxéristes, avec les hommes de terre et de culture, tiennent aux adeptes de la haute voltige entomologique. Ne vous semble-t-il pas, lecteurs, comme il me paraît à moi, que ces braves gens raisonnent assez bien, qu'ils donnent des preuves, qu'ils ont l'air de savoir passablement leur métier ? A mon sens, ils n'ont qu'un tort, c'est de n'être pas arrivés en tête de ligne pour inspirer des mesures différentes de celles qui ont été prises. Je crois donc que les anti-phylloxéristes sont dans le vrai, mais comme je suis décidé à voir nettement, je vais chercher à me rendre compte avec vous des causes réelles de la maladie par l'étude rapide des besoins physiologiques de la vigne.

LES BESOINS DE LA VIGNE

La vigne est une liane. La puissance d'assimilation dont elle est douée est telle que, par le chevelu de ses racines traçantes, elle va chercher à des distances énormes les matières alibiles dont elle a besoin et qui sont en dissolution dans les eaux du sol. J'ai souvent trouvé du chevelu à 10 mètres de l'axe. Ceux qui ont *vu* la vigne m'accorderont bien que le système aérien montre tout autant d'exubérance, et que les pousses de la vigne, par leurs dimensions, leur luxuriance et l'abondance de leur feuillage, prouvent les plus grands besoins relativement aux éléments atmosphériques, à l'air, à la lumière, etc. C'est donc avec juste raison que j'ai dit, dans l'article cité plus haut, que la vigne est une plante *gourmande* aux deux extrémités de l'axe, qui demande beaucoup au sol et énormément à l'air, qu'il lui faut *beaucoup d'espace dans le sol* et *au-dessus du sol*, et j'ai indiqué pourquoi cette plante a besoin de beaucoup de nourriture et de beaucoup d'air, parce que c'est une plante à sucre, à gomme, à potasse, dans laquelle il se produit des oxydations prononcées, démontrées par la formation de l'acide tartrique. Ce raisonnement, basé sur des faits chimiques, constatés par de vrais observateurs, n'est pas même contestable par des entomologistes, puisqu'il est acquis, prouvé, et qu'on peut en demander la démonstration de *visu* sur le premier cep venu.

La vigne demande de l'espace, *beaucoup d'espace, dessous et au-dessus*; pourquoi lui en donnez-vous *le moins possible?* Pourquoi votre avidité, aussi bête que celle de l'homme du fabuliste, vous conduit-elle à tuer votre poule ? Qui donc osera venir me dire que, dans le Midi, où l'on se plaint si fort pour la moindre piqûre, on ne plante pas de vignes à moins de cinquante centimètres ? Je laisse de côté vos motifs et vos prétextes. Voilà le fait indéniable.

D'autre part, la vigne est une plante à sucre et à potasse ; c'est entendu. Voulez-vous me faire croire que cette plante trouvera *éternellement* dans le *même sol*, des *sels alcalins solubles*, à l'*état assimilable*, des *carbonates assimilables*, de *l'humus soluble*, et cela *sans restitution ?* Vous auriez un quasi-prétexte, si vous pratiquiez l'antique jachère, c'est-à-dire le repos périodique, procurant un tantinet de restitution. Cela ne vaudrait rien, mais ce serait un semblant. Mais vous n'*assolez* même pas vos vignes ; vous les condamnez à rester emprisonnées à perpétuité dans le même espace, puisque, après mort ou destruction, vous replantez au même lieu.

Je dis, avec tous ceux qui ont regardé les choses agricoles de près, qu'il faut rendre au sol ce que vous lui enlevez, *sous peine de l'épuiser, de le stériliser par rapport à la plante que vous y cultivez trop longtemps*. Ce principe répond à la noble indignation de M. Girard, à propos de l'épuisement des palus bordelais. Prenons des chiffres, afin de faire du positif, si quelqu'un veut bien aborder ce côté du litige.

1,000 kil. de sarments fournissent 28 kil. 50 de cendres par 7 k. 15 d'alcalis, 6 kil. 76 de chaux, 3 kil. 47 d'acide phosphorique, etc.

1,000 kil. de feuilles sèches tiennent 1 kil. 50 de potasse.

1,000 kil. de moût de raisins mûrs fournissent en moyenne 8 kil. de cendres par 5 kil. 200 de potasse, 270 gr. de chaux et 1 kil. 325 d'acide phosphorique. Pesez votre moût, vos sarments, vos feuilles, faites le compte de ce que vous enlevez au sol en potasse, chaux et acide phosphorique, et dites-moi en conscience ce que vous restituez à ce sol, pour lequel vous ne pratiquez ni assolement ni rotation ? Et quand même on rendrait à la vigne la totalité des feuilles et les cendres des sarments, qu'est-ce qu'on lui restitue pour le moût qui enlève le plus à la terre?

On fume, dit-on, et M. le docteur Girard joint à l'affirmative l'adverbe *admirablement*, à cheval sur la fumure et la culture. On va bien voir ce que vaut cette nouvelle allégation sans preuves. La vigne n'est fumée que très-exceptionnellement, parce que les viticulteurs prétendent, à tort ou à raison, que la fumure altère la qualité du vin; quand elle est fumée, il faut savoir comment on la fume et quel peut être le mode que M. Girard décore du titre d'admirable.

D'abord, pour comprendre la fumure de la vigne, il faut savoir que, si elle était simplement fibreuse par ses racines et non traçante, elle prendrait en un an toute la potasse, toute la chaux et tout l'acide phosphorique qui se trouveraient à sa portée. Si le sol est épuisé moins vite, cela tient à la puissance d'allongement des racines, à leur faculté de *locomotion*, si l'on veut, d'où il résulte que, par ses radicelles, elle fouille partout, s'étend partout, recherchant les moindres parcelles des substances qui lui sont nécessaires. On n'a qu'à arracher un cep pour le voir. Lorsqu'elle a été partout, elle a tout pris dans le plan de son action; mais aussi, quand elle a tout pris, il n'y a plus rien. Ensuite, il faut voir comment se forment les racines. Les nœuds enfouis donnent naissance à des plans radicellaires qui débutent par les parties profondes, au moins relativement. Or, à mesure que les plans inférieurs se développent, fonctionnent et finissent par s'altérer, suivant la loi générale, les plans supérieurs se produisent et fonctionnent à leur tour, jusqu'à ce que le plan superficiel fasse son apparition et sa croissance au détriment des autres. Je ferai observer à M. Girard, sans la moindre modestie, que s'il avait pris la peine de regarder, il aurait vu que la fumure, pratiquée avec les fumiers ordinaires, le guano, les matières azotées, exaltent le développement du plan radicellaire superficiel, au détriment des plans inférieurs. Il ne faut pas de microscope pour cette observation. Il en résulte que toute fumure active, appliquée trop près de la surface, détermine une exagération dans la production du chevelu du plan superficiel, ce qui entraîne, nécessairement, la désorganisation des plans inférieurs, en vertu de la loi générale d'équilibre. Ce que M. Girard veut bien appeler une fumure admirable n'est donc qu'une pratique exécrable, puisque la fumure, quand on la fait, est toujours trop superficielle, toujours faite avec des engrais trop azotés.

Il faut *absolument*, en vertu de l'observation viticole, que la fumure se fasse à l'aide d'engrais très-peu azoté, transformé en humus très-pauvre en matières ammoniacales, et que cet engrais soit appliqué à vingt centimètres de la surface, en moyenne. Et quand même cette fumure serait bien faite, il est *absolument* indispensable d'y ajouter, à titre de restitution, toute la potasse, toute la chaux, tout l'acide phosphorique, que les récoltes successives ont enlevés à la terre. On ne peut faire à ces propositions que des objections enfantines, et l'admirable culture, l'admirable fumure de M. le docteur Girard se réduisent, aux yeux d'un véritable cultivateur de vignes, à une faute grossière. Vous ne pouvez et ne devez fumer la vigne qu'avec *l'humus additionné des sels minéraux indispensables à ses fonctions*. Si quelque entomologiste trouve à redire à cela, qu'il veuille bien nous faire le plaisir de nous le dire, mais qu'il nous donne des preuves de ce qu'il voudra dire, sans verre grossissant à l'appui.

Le lecteur peut voir que la fumure, comme on la comprend, ne fait pas une restitution, mais une pourriture de plus, quoiqu'il y en ait assez. Mais ce n'est pas encore suffisant, car M. le docteur ès-sciences, savant entomologiste, a parlé, Dieu nous pardonne, des *meilleures pratiques de taille*, sans nous dire en quoi cela consiste. Aussi bien, veux-je le précéder plutôt que le suivre sur ce terrain, où il risquerait fort de s'embourber, si l'on en juge par le reste. On peut dire ceci à M. Girard et aux autres phylloxéristes : La meilleure pratique de taille est la plus sotte opération qui soit au monde, et les *recépeurs* de la vigne font un raisonnement que l'on peut vous soumettre, malgré votre inaptitude. Ils disent qu'ils ont planté la vigne à cinquante centimètres, en lui refusant sa nourriture dans le sol, mais que, par une juste compensation, comme cela se fait ailleurs et pour autre chose, il convient de lui retrancher également sa nourriture dans l'air ! Tu meurs d'un côté, meurs de l'autre ! Si, pourtant, tu deviens malade, si tu ne produis pas l'œuf d'or, nous crierons à la calamité, à la catastrophe; nous maudirons la moisissure Tucker-Payen-Montagne, ou le puceron Planchon-Girard et autres! Nous t'amputerons à blanc-étoc; nous te couvrirons de cicatrices, nous t'imprégnerons de gangrène, et si tu n'es pas fructifère, malgré notre sottise, alors, prends garde ; nous accuserons la dégénérescence, les insectes, les champignons, l'Amérique, l'Asie, s'il le faut ; nous ameuterons tous les microscopes, toutes les loupes, tout ce qui peut grouiller et s'agiter, mais nous ne conviendrons jamais de notre imbécillité! Et voilà pourquoi la fille est muette.

Mais on sait bien que la taille exagère la nutrition dans les racines et qu'elle est, par conséquent, une cause d'épuisement du système souterrain ; mais on sait bien que la fructification de la vigne s'éloigne du centre de l'axe; mais on sait que toutes les lianes, même le houblon, le vanillier, le bignonia, tous les sarmenteux, sont dans le même cas; mais on sait bien qu'à une plante très-oxydante il faut beaucoup de feuilles, beaucoup d'air!... On sait tout ce que vous voudrez, lecteurs; mais on ne fera rien de ce qui est exigé par la raison culturale; on continuera à traiter la vigne aussi bêtement que par le passé, parce qu'*il faut*, *matériellement*, l'étouffer et l'affamer en haut comme on l'a étouffée et affamée en bas, ce qui n'empêchera pas de trouver quelque docteur en n'importe quoi, lequel approuvera la mesure et la couvrira de sa science. O moutons! ô Panurge!

Voici ce que vous faites : à la plante qui veut de l'espace dessous, au-dessus, qui enlève beaucoup d'alcalis, de chaux, de phosphore, de carbone, qui est gourmande et aurait besoin de changer de table souvent ou d'avoir un buffet bien garni, vous imposez la cellule en bas et en haut, la pourriture dessous et l'amputation au-dessus; vous ne restituez rien et vous laissez le buffet vide; vous décrétez la détention perpétuelle dans votre stérilité; vous êtes les bourreaux, et votre victime a tort! Pangloss vous approuve et l'entomologie vous bénit; mais cela ne met pas le vin dans les barriques, et votre nullité ruine la France, dont vous ne devez être que les serviteurs!

LE PHYLLOXÈRE ET LA RAISON

Le lecteur comprend qu'il y aurait encore mille choses à dire sur ces questions si graves, au sujet desquelles j'ai voulu prendre une forme tout opposée à celle de MM. les dogmatiques. Je ne crois à rien, si je ne vois la preuve par mes yeux ou par ma raison. Or, les phylloxéristes ne prouvent rien, ni pour les sens, ni pour l'intelligence. Mais l'insecte existe, me dira-t-on; les ravages sont là, et vous auriez tort de vous obstiner dans une thèse insoutenable!

Un instant, s'il vous plaît de me l'accorder! Nous sommes gens simples, mais moins bêtes qu'on ne veut bien le dire, et nous n'entendons pas qu'on nous jette sur le dos le mantel de nos contradicteurs. Raisonnons et regardons; à notre tour de *numéroter* nos observations, si l'on veut bien nous en octroyer la licence.

I. Quand M. le docteur Girard, que je regarde comme le prototype du phylloxériste, aura appris à quelles nombreuses variétés d'insectes la fermentation putride peut donner naissance, quand il connaîtra les conditions qui modifient les formations vivantes, végétales ou animales, qui dérivent de la décomposition ultime, il pourra se croire autorisé à traiter d'insanités des opinions que je ne partage pas, pour mon compte, mais à propos desquelles un homme sage et instruit n'a pas de dénégations absolues à émettre, quant à présent (1).

II. Les anti-phylloxéristes ne nient pas les ravages *actuellement* causés par l'insecte; ils affirment et démontrent, ce qui a été justifié, que la maladie présente est la même que celle qui s'est manifestée par l'oïdium, qui se manifeste aujourd'hui par l'oïdium et le phylloxère, et que l'insecte, comme la mucédinée, n'est et ne peut être, au point de départ, qu'un symptôme de concomitance.

III. Si la vigne est malade en dehors de l'oïdium et du phylloxère, les gens de bon sens reconnaissent parfaitement que celui-ci, après avoir été un simple effet symptomatique, est arrivé à produire des effets spéciaux qui en dérivent directement. *L'insecte-effet*, sans que la *maladie-cause* ait diminué, au contraire, est devenu à son tour, par les progrès de l'infection, *insecte-cause*, produisant des effets d'autant plus désastreux que les cépages sont dans une condition de moindre résistance.

IV. Pour faire plaisir aux savants entomologistes, on peut prendre une comparaison qu'on a lieu de supposer à leur portée, bien que l'insecte dont il va être parlé soit un parasite, ce que n'est pas le phylloxère. Soit une école de jeunes produits humains quelconques. Il y a, là-dedans, des enfants malingres, chétifs, mal nourris, *à exsudations et excrétions maladives*, d'une propreté douteuse. D'autres sont sains, robustes, vigoureux, propres. Inutile de se récrier. Un des malingres, dont le cuir chevelu porte l'enduit caractéristique, est possesseur, accidentel si l'on veut, d'une demi-douzaine de pous. Après quelques jours, tous les malingres y passent, puis les robustes, et l'école, laïque ou congréganiste, est infectée du premier jusqu'au dernier bambin. On détruira facilement la vermine sur les têtes des individus sains; il suffira, le plus souvent, d'un peu de propreté. Chez les douteux, ce sera déjà plus difficile; chez les autres, ce sera toute une affaire. Pour les uns, on n'a qu'à tuer ou chasser l'insecte; pour les autres, il faudrait, en outre, détruire la cause primaire, la saleté, l'enduit, la couche de ce que les bonnes femmes appellent le chapelet, le petit chapel. Eh bien, chez les premiers atteints, la saleté et l'état maladif sont les causes primaires de l'invasion de la phthiriase; chez les autres, il y a simple contamination, inoculation.

(1) *Le phylloxera de la vigne*, page 16, lignes 5 et suivantes.

De même pour le phylloxère. Il y a une cause primaire que l'on nie, parce qu'il déplaît à la vanité de la reconnaître ; puis, à son tour, l'insecte devient cause de contamination, après avoir été d'abord l'effet de la maladie ou de la cause primaire. Aujourd'hui, dans l'état où nos vignes sont arrivées, il faut, bon gré mal gré, atteindre un double résultat : guérir la maladie et tuer l'insecte, amené d'abord par l'état pathologique, devenu à son tour une cause directe d'infection et de propagation.

V. La culture admirable, la fumure à la même épithète, la meilleure pratique de taille, sont encore d'autres causes directes de l'infection, en dehors même de la plantation trop rapprochée. Les propositions suivantes le démontrent péremptoirement, et ce qui va être exposé brièvement emporte preuve. On ne saurait trop appeler l'attention sur les idées de cet ordre :

1° La culture superficielle des vignes, à dix ou quinze centimètres, comme elle se pratique, localise l'action végétative dans le plan radicellaire supérieur, au détriment des plans inférieurs ; 2° la fumure trop azotée et employée dans la couche de surface, ou près des ceps, exagère encore ce résultat, en portant une masse d'aliments azotés vers le chevelu de ce même plan ; 3° la taille la plus modérée, suivant la loi d'équilibre dont on constate les effets après toute suppression ou toute amputation sur les êtres vivants, animaux ou végétaux, détermine une exagération de vitalité dans les organes conservés, les plus rapprochés du point de section, surtout lorsque ces organes sont déjà le siége d'une accumulation de fluides alibiles. Le résultat de la taille annuelle de la vigne se fait remarquer surtout par l'activité imprimée au plan radicellaire superficiel, et la culture, la fumure, la taille, dans les conditions où elles sont pratiquées, favorisent la production de chevelu nouveau et très-abondant sur ce plan radicellaire. Cette conséquence est constatée couramment, et toutes les pratiques actuelles concourent au développement excessif de ce plan, tandis que les plans inférieurs sont frappés d'atonie, par une conséquence d'équilibration d'abord et, ensuite, parce que les couches profondes du sol, épuisées et presque stérilisées, ne fournissent pas aux besoins d'une manière suffisante.

VI. Les moyens usuels employés, et qualifiés d'admirables par les entomologistes, ont donc pour résultat forcé de faire affluer les sucs nutrimentaires vers le plan superficiel radicellaire, d'en développer le chevelu et les spongioles, dont la consistance est d'autant moins résistante que la croissance en est plus rapide et plus excitée, et de fournir, par conséquent, au puceron, comme à plaisir et à dessein, ce festin succulent dont parle M. Girard avec tant de complaisance.

VII. Il est digne de remarque que les phylloxéristes émérites, sur les lapsus desquels on a établi l'opinion épidémique régnante, n'ont pas même eu le soin de suivre leur enfant dans ses tendances et ses habitudes. Ils n'ont pas vu que le phylloxère s'attaque surtout aux radicelles du plan superficiel les plus accessibles et les plus abordables, celles qui fournissent le plus abondamment aux besoins *supposés* de la bestiole, tandis que les radicelles des plans inférieurs seraient absolument indemnes par leur plus grand éloignement, par la difficulté plus grande de pénétration pour l'insecte, par une consistance plus ligneuse et plus de résistance ; Ils n'ont pas vu que ce point de culture viticole est d'une importance capitale et, comme toujours, ils ont distingué la paille, le cheveu, le crochet d'un œuf de tête de série, sans apercevoir la poutre. On n'est pas plus aveugle, ou plus régence, à votre choix !

MOYENS ET ACTIONS CONTRE LA MALADIE

Pour acquérir une idée nette de la question, il convient d'abord de se placer exclusivement au point de vue des phylloxéristes et d'étudier les moyens qu'ils indiquent contre la petite bête de M. Planchon. A titre de préventif, M. le Rapporteur de la Commission législative nous fournit un moyen topique par excellence. Aussitôt qu'une vigne est atteinte, il faut l'arracher et la brûler ; mais, on fera bien de désinfecter le sol, de l'empoisonner par rapport à l'insecte. Les deux Préfets qui ont bien mérité de la patrie en prenant des arrêtés pour prescrire cette *calinotade*, n'ont jamais, sans doute, médité sur le mot du dentiste : Guérissez ; n'arrachez pas ! Ils n'ont dû comprendre qu'une chose, c'est qu'on guérit très-bien les cors en coupant le pied ou la jambe, et que la guillotine fait disparaître la migraine. Jusqu'à ce que la loi, entrevue dans le rêve de l'honorable M. de Grasset, ait fait son apparition au *Bulletin*, il me semble qu'on reste libre d'admirer et, pour ce qui me regarde, j'admire de toute ma force, et je prie instamment le lecteur de ne pas refuser à une idée aussi lumineuse le tribut d'un peu d'admiration. Réunissons-nous donc pour admirer ensemble, afin que ce soit plus tôt fini. On peut d'autant moins se refuser à admirer, que le rapport ne nous apprend pas qu'il soit parvenu à la Commission la moindre donnée sur un autre *moyen pré-*

ventif. Et celui-ci même, dans la théorie admise, n'est pas un préservatif proprement dit; c'est aussi un curatif, puisqu'il a pour but de tuer l'insecte, ce qui tue la maladie, dit-on, tout en empêchant la propagation. Ce moyen est admirable, puisqu'il préserve et guérit tout à la fois.

Il y a pourtant deux moyens préventifs méritant ce nom, le remplacement de nos cépages par des cépages américains, et la greffe de nos vignes sur des sujets d'Amérique. Ici, ma tâche est aisée et M. le Rapporteur de la Commission législative émet à cet égard des doutes qu'on doit prendre en considération. Quels seront les produits de ces vignes? Conserveront-elles la vigueur qui leur permet de résister à l'insecte? Les variétés reconnues réellement réfractaires se propagent difficilement par la bouture et se greffent mal avec nos cépages. En admettant même la réussite, à force de temps et de dépenses, si nous récoltions du vin, ce ne serait plus notre vin de France, apprécié du monde entier. Enfin, l'introduction des cépages américains n'aurait-elle pas pour premier résultat la propagation de l'insecte qu'on veut détruire?

Je me garderai bien d'ajouter quoi que ce soit à ce raisonnement de l'honorable M. de Grasset, parce qu'il est d'une *telle justesse* que tous les hommes impartiaux de toutes les opinions doivent s'empresser de l'adopter.

On a proposé *d'ensabler* les ceps, à cause de la difficulté que rencontre le phylloxère à pénétrer dans les terrains sablonneux; le lecteur a déjà apprécié comme il convient ce mode de faire, qui n'est autre chose que la stérilisation du sol, sans aucune compensation de restitution. Quant au tassage de la terre, qui a été également conseillé, je ne vois pas bien comment un *plombage* peut être favorable à la vigne, ni comment on espère rétablir un végétal souffrant en rendant le sol imperméable au-dessus de ses racines. Après tout, si, comme on l'a dit et ce qui est vrai, les ceps sont plus réfractaires au bord des sentiers, on peut bien rencontrer des *observateurs* qui attribuent ce résultat au tassement, plutôt que de le regarder simplement comme l'effet d'une meilleure aération. Tout est possible, même d'affirmer que blanc est noir et réciproquement.

Tous les autres moyens indiqués sont curatifs à titre d'insecticides. Le lecteur ne s'attend pas à en trouver ici une nomenclature, fastidieuse autant qu'inutile, mais je dois cependant, tout en généralisant, laisser dans l'ombre le moins possible des idées émises.

Est-il admissible que l'on ait pu proposer, sans sourciller, de faire manger le phylloxère par les mésanges ou par des insectes aphidiphages? Dans cette belle proposition, on n'a oublié que les fourmis, lorsqu'elles eussent dû être présentées en première ligne, en face d'un puceron quelconque. Il paraît que, dans cette matière, l'aberration est de mode. Une autre série d'inventeurs engage les vignerons à empoisonner la séve même du cep!... D'autres font concurrence aux herboristes et conseillent le chanvre, le tabac, l'euphorbe, que sais-je? Il y a un inventeur, celui-là même qui m'en voulait si fort pour un pauvre article et va fabriquer, paraît-il, le produit conseillé par M. Dumas, auquel j'ai fait allusion précédemment, qui veut planter des valérianes près des ceps, dans l'espoir fondé que la fétidité des racines éloignera l'insecte. Si ce Monsieur est aussi fort en produits chimiques qu'en herboristerie pharmaceutique, je plains franchement ses co-intéressés, s'il met la main à quoi que ce soit. L'infortuné ne sait donc pas ce qu'il aurait pu apprendre partout, avant de laisser échapper son idée au valérianate?

Il ne sait donc pas que l'essence de valériane et l'acide valérianique ne préexistent pas dans la racine fraîche et vivante? Dans ce cas, c'est de fâcheux augure, et il aurait au moins dû savoir que tous les chats du canton viendraient prendre leurs ébats dans la vigne à la valériane, si son hypothèse présentait la moindre réalité. En vérité, pauvre herboriste et triste apothicaire!

M. le docteur Girard, dont les moindres appréciations ont tant d'importance, déclare que « la solution du problème est de tuer l'œuf d'hiver sur le cep par un badigeonnage au goudron ou par la vapeur d'eau bouillante... » A quelques pages de distance, se rappelant la bienfaisante influence d'une douce gaîté et voulant nous mettre en joie dans nos tristesses, il nous dit : « On peut aussi chercher à atteindre, par les jours de beau soleil et de chaleur, ces légions de phylloxeras ailés et aptères qui marchent sur le sol, *cherchant des vignes saines*. On aura l'espérance, sinon de les tuer, au moins de les détourner de leur route, par divers agents... »

Franchement, je ne croyais pas trouver tant de jovialité dans les dires d'un savant entomologiste. Voyez-vous ces petits gourmands, cherchant des vignes saines! *Quærens quem devoret!* Et puis la catastrophe!

On les trouve et, si l'on n'ose pas les tuer, de peur d'être mordu, on les détourne de leur chemin, par l'injection d'une drogue quelconque, à l'aide du soufflet à oïdium! Je m'intéresse au sort des pauvres bêtes, et il n'y a pas encore de loi qui s'oppose à ma commisération.

Allons, lecteurs, si vous m'en croyez, nous laisserons tout cela dans la boîte aux rebuts et nous nous efforcerons d'oublier, si faire se peut, que, devant un désastre national, au lieu de travailler comme des hommes, on s'est contenté d'ouvrir la foire aux non-sens et aux absurdités.

Quelques-uns ont joué aux chimistes. On a conseillé le pétrole sans vérification, l'éther, l'alcool, le chloroforme, la benzine, l'hydrogène phosphoré gazeux, l'acide prussique... Enfin, pour qu'on ait proposé douze ou quinze cents moyens, il faut bien admettre que, parmi les qualités qui nous restent, à la suite de celles que nous avons perdues, on peut compter une forte dose d'imagination. Moutarde blanche et douce révalescière, avec une prise de somnambulisme extra-lucide! C'est bien nous, qui nous disons à la tête du progrès!

LES QUESTIONS SÉRIEUSES

Tout ce qui surnage sur cet océan de puérilités est facile à réunir. Il y a le sulfure de carbone, le sulfocarbonate de M. Dumas, les sulfures alcalins et alcalino-terreux solubles et l'indication que j'ai donnée de l'emploi des sels solubles d'aniline ou de toluidine. Tout cela est à examiner en peu de mots au point de vue de la destruction de l'insecte.

Pour le *sulfure de carbone*, je suis de l'avis de M. Girard, malgré l'appui donné à ce produit par une compagnie puissante. Je crois que l'action de cet agent tue l'insecte quand elle est assez prolongée, mais que, s'il est employé à forte dose ou seulement à doses réitérées, il peut très-bien tuer la vigne. C'est, d'ailleurs, un composé fort dangereux, au moins à cause des chances d'incendie qu'il présente et, d'autre part, l'action en est trop fugace pour assurer la destruction du phylloxère.

Un fabricant d'engrais a eu l'idée de l'emprisonner dans la gélatine (cubes Rohart). L'action en est plus durable, il est vrai, mais la cherté du produit est considérable, et la gélatine est un excipient assez mal choisi, même à titre d'engrais auxiliaire, attendu qu'il n'a pas été tenu compte des raisons culturales qui doivent faire repousser l'emploi des matières azotées proprement dites dans la viticulture, et surtout pour des vignes déjà malades.

Quand on n'est pas riche, on a de bonnes raisons d'être économe et de tenir au peu que l'on possède. Je ferai donc observer que c'est moi qui ai, le premier, indiqué l'emploi des sulfures alcalins pour la vigne, dans le but de détruire la moisissure et les parasites inférieurs, et de restituer à la plante une partie de la potasse qui lui manque. On peut consulter pour preuve mon livre sur *la Vigne et l'Oïdium*, publié en 1861, à Bordeaux. J'ai fait voir, par le raisonnement et l'expérience, que la condition nécessaire du succès est le dégagement continu et lent de l'acide sulfhydrique, bien que certains organismes puissent être atteints immédiatement. Je ne trouve donc pas qu'il soit nécessaire d'attribuer à M. Dumas, ou à d'autres, la paternité de principes que j'ai émis, à propos du sulfure de potassium en particulier, lorsque je l'ai conseillé comme destructeur des organismes inférieurs, et par l'acide sulfhydrique qu'il dégage, et comme réparateur des pertes d'alcali éprouvées par la vigne. Ceci n'est pas à l'adresse de M. Dumas, mais de quelques thuriféraires inconscients. Certes, M. Dumas est l'un de nos chimistes les plus éminents; il est un grand seigneur tout à la fois et un gros capitaliste de la science; sa richesse n'a rien à gagner à ce qu'on lui donne ma pauvreté, et il est au-dessus de ces petites mesquineries de ses admirateurs.

Donc M. Dumas a conseillé l'emploi comme insecticide du sulfocarbonate de potassium, qui est une combinaison soluble de sulfure de carbone et de sulfure de potassium. L'idée est bonne, sans doute, puisque ce produit fournit deux insecticides pour un et restitue de la potasse d'après le principe que je viens de rappeler. Le seul reproche à faire au sel préconisé par M. Dumas consiste en ce qu'il est cher, incomplet, et d'une préparation assez difficile.

Je ne puis m'empêcher de témoigner ma reconnaissance envers l'illustre chimiste qui a bien voulu également recommander l'emploi des sulfures alcalins et alcalino-terreux dont je n'ai pas cessé, depuis vingt ans, d'engager les viticulteurs à faire usage. Ce m'est un grand plaisir d'avoir eu la priorité d'une idée d'application qu'un homme de ce mérite sanctionne de son autorité.

On me permettra donc de me restituer à moi-même ce qui m'appartient. J'ai indiqué, proposé et employé le premier les sulfures alcalins et autres, mais surtout celui de potassium, contre la maladie de la vigne, à titre de destructeur des ennemis inférieurs de cette plante et d'agent de restitution.

Relativement au phylloxère, il y a cependant une observation à faire sur l'emploi du sulfure potassique et des autres sulfures solubles. Ils donnent lieu à une action trop rapide, à un dégagement trop prompt d'acide sulfhydrique. Pour que le sulfure de potassium fût insecticide autant que réparateur, on devrait recourir à des applications fractionnées et réitérées.

Enfin, j'ai proposé il y a quelques mois l'emploi des sels solubles d'aniline ou de toluidine. Je donne la préférence au chlorhydrate, parce qu'il se décompose plus aisément dans le sol et met ainsi en liberté l'aniline ou la toluidine, dont l'action toxique est extrême sur les insectes de tout genre. L'action présente en outre l'avantage d'être très-durable, à raison du peu de volatilité de la base. Cet insecticide, dissous dans l'eau à la dose de 3 à 6 millièmes, est très-actif, et il suffit de 5 à 6 litres de solution par souche, lorsqu'on a pratiqué un déchaussement préalable.

Pour procurer à cet insecticide toute la valeur qu'il comporte, on doit lui donner comme auxiliaire un sel de potasse convenablement choisi et y joindre le phosphate de chaux. Dans cette condition, on obtient un composé qui opère comme agent de restitution et comme insecticide lent et durable, suivant les conditions réelles du problème.

Je le demande, en effet, non pas aux insectologues, qu'il est grand temps de renvoyer à leurs collections, mais aux viticulteurs, dont l'intérêt est en jeu, la seule proposition logique n'est-elle pas la suivante : Faisant la part belle aux deux opinions en présence et admettant que la vigne est malade depuis longtemps par suite d'une mauvaise culture, de l'excès du rapprochement, d'une taille barbare et sauvage, de l'épuisement du sol et du défaut de restitution, mais reconnaissant, en outre, que la propagation de l'insecte, causée par cet état morbide, est devenue une circonstance concomitante de la plus haute gravité, qui apporte de nouvelles conséquences désastreuses à la suite de celles qui lui ont donné naissance, *on doit voir l'indication thérapeutique rationnelle et vraie dans tout moyen sérieux, apte à reconstituer la plante par la restitution au sol des principes organiques et des principes minéraux, qui lui manquent par suite d'un épuisement de vieille date, et à détruire en même temps l'insecte, lequel ajoute maintenant son influence pernicieuse à l'affection primaire.*

La viticulture entière peut appliquer le stigmate de son mépris au front de tout homme qui oserait contredire une proposition aussi large, donnant satisfaction en fait à toutes les exigences, et sauvegardant même la chose la moins propre du monde, l'amour-propre !

Eh bien, lecteurs, cette proposition renferme toute ma théorie ! Qu'importent les mots stériles et les discussions oiseuses ? Ils disent que c'est la petite bête seule. Nous disons que c'est la maladie d'abord, à laquelle se sont joints ensuite, par un effet fatalement prévu, la mucédinée et le puceron, qui se sont greffés comme auxiliaires sur la maladie... Qu'est-ce que cela vous fait, à vous ? Attaquez à la fois la maladie, la moisissure et le phylloxère ; vous aurez donné raison aux belligérants en les renvoyant dos à dos, et vous aurez pris soin de votre intérêt, qui est lié à l'intérêt de la patrie !

Nous nous comprenons bien, n'est-ce pas, et nous n'avons plus à discuter? Laissons donc ergoter les marchands d'insecticides pour rire, les intéressés dans la paternité des pucerons et ceux qui visent à un demi-mètre de ruban par des rêveries insectologiques.

Le sulfure de carbone ne réalise pas l'idéal de la proposition-type, à laquelle vous devez vous soumettre, comme moi, par observation, par raison et par intérêt. Ce n'est qu'un insecticide, dangereux et infidèle. Le sulfo-carbonate de potassium se rapproche un peu plus du but; il restitue un peu, mais insuffisamment; il est trop cher et bon pour de la théorie. Les sulfures alcalins sont indiqués, très-vrais, très-utiles dans les deux sens. On ne peut les regarder comme complets que s'ils sont associés au sulfure de calcium et au phosphate de chaux.

En outre, ils auront toujours, pour le phylloxère, l'inconvénient de présenter une action trop rapide et trop fugace. Les sels aniliques ou toluidiques sont les meilleurs des insecticides; mais, pour qu'ils justifient la proposition, ils doivent être employés avec les auxiliaires signalés plus haut, sous peine d'exiger une double opération.

Ce qu'il vous faut, et je vous le dis hautement, à vous, propriétaires, viticulteurs et vignerons, je vous le dis sans craindre les beaux messieurs dont je viens déranger les calculs, c'est « *un amendement qui renferme tous les éléments principaux de la reconstitution du sol et de restitution minérale applicable à la vigne, en même temps qu'un principe insecticide réel, à action lente, continue, et certaine.* » Faites d'abord l'indispensable pour sauver vos vignes et éviter la catastrophe; après, aussitôt après, vous prendrez les mesures culturales qui vous mettront à l'abri pour l'avenir.

C'est bien entendu. Vous voulez sortir du cercle dantesque où l'on vous a enfermés. Il vous faut un tonique reconstituant, et un insecticide rationnel; cherchons ensemble si vous le voulez bien, et nous arriverons peut-être à quelque chose.

En 1861, dans mon petit ouvrage sur l'oïdium (1), je vous avais déjà dit la vérité franche, honnête et loyale. Vous n'en avez pas tenu compte. Je vous disais en somme : Il faut reconstituer le tempérament de votre vigne par la restitution au sol de ce qui lui manque, par la potasse, la chaux, le phosphore; il faut tuer la moisissure, et vous le ferez en quelques heures par une seule application de solution de foie de soufre... Preuve a été faite en Gironde.

Aujourd'hui, *les besoins de reconstitution et de restitution se sont accrus; mais ils sont rigoureusement identiques : potasse, chaux, phosphore!*

(1) *La Vigne*, etc. (pages 422 et suiv.)

Mais l'agent, infaillible contre le champignon, ne l'est plus contre e puceron ; *il n'a pas une action d'état naissant assez prolongée;* la réaction est trop rapide, et il vous faut un dégagement faible, mais continu, longtemps prolongé, de l'agent gazeux toxique. La solution est là et pas ailleurs.

Vous pouvez parfaitement réussir par les sels d'aniline, en suivant ce qui a été dit précédemment, soit que vous procédiez par dissolution ou bien par mélange pulvérulent, lorsque l'eau vous manque et qu'il est trop pénible ou trop onéreux de s'en procurer. Ce mélange existe, préparé comme il doit l'être; mais vous pensez bien, lecteurs, qu'après tout ce que je viens de dire, après m'être compromis auprès de l'aréopage, je ne puis, décemment, vous parler de préparations personnelles, sous peine de me faire déchirer à belles dents. Je ne veux pas sortir meurtri de la lutte. De ce que j'ai conseillé comme insecticide et agent de restitution, on fera ce qu'on voudra; je suis et je reste spectateur de la chasse. Ce n'est pas une raison, cependant, pour ne pas rechercher si l'on ne vous a pas proposé quelque moyen simple, agricole, facile, exigeant le minimum de main-d'œuvre et de frais accessoires.

Or, dans toute la masse de toute espèce de choses que j'ai examinées jusqu'à présent, j'ai rencontré une composition rationnelle, conforme aux principes agricoles, à la proposition générale émise tout à l'heure et fournissant, en même temps, les éléments essentiels de la restitution et l'agent insecticide à action lente et continue. A mon avis, cette composition est la représentation d'une normale, et elle offre une valeur incontestable sous les deux rapports nécessaires au double but qu'on se propose.

La poudre anti-phylloxérique de M. G.-W. Davis renferme la potasse, la chaux et l'acide phosphorique, avec une proportion convenable de pyrite ferrugineuse, et le mélange est obtenu intime à l'aide de certaines préparations spéciales qui ne m'intéressent que médiocrement. L'essentiel est de savoir deux choses : Cette préparation doit-elle agir comme reconstituant et produire la restitution des principes minéraux épuisés; agit-elle comme insecticide à action lente et continue ? Sous le rapport de la chimie agricole appliquée à la viticulture, il est clair que la restitution a lieu et que cette composition doit être un reconstituant énergique, puisqu'elle apporte à la vigne ce qu'elle ne trouve plus dans un sol épuisé, relativement à ses besoins : potasse, chaux, phosphore. Comme insecticide, je trouve que l'inventeur a fait preuve d'un esprit pratique remarquable, en associant la pyrite à la potasse. En effet, les réactions qui se passent dans le sol amènent la formation lente de sulfure de potassium, et le dégagement lent et continu d'acide sulfhydrique toxique pour l'insecte avec abandon de sesquioxyde de fer comme résidu. Le carbonate de chaux qui sert, en apparence, de matière inerte, agit très-utilement dans tous les sols, mais surtout dans les sols bas, humides, argileux, comme les palus, et l'attention des viticulteurs doit se porter sur la nécessité rigoureuse de fournir la chaux à tous les sols qui en manquent. On sait que la chaux fait partie de nombreux sels solubles qui sont absorbés par les plantes, et que le calcaire devient lui-même soluble et assimilable, en présence d'un excès d'acide carbonique, excès que l'on rencontre toujours dans un sol contenant des matières organiques.

Ces considérations théoriques sont déjà fort satisfaisantes en elles-mêmes, et elles suffiraient pour placer la préparation Davis fort au-dessus du sulfure de carbone et du sulfocarbonate de potassium. Je n'ai donc pas été étonné des *témoignages authentiques* attestant les résultats extraordinaires obtenus en 1875-76, 1876, 1877 et 1878, à l'École d'Agriculture de Montpellier, et dans des propriétés particulières.

Une seule chose m'a surpris à moitié, car je suis maintenant trop vieux pour avoir des surprises complètes en ces matières; c'est que l'École n'ait pas pris l'initiative, c'est que l'illustre et célèbre Commission spéciale en ladite ville de Montpellier ait gardé le silence prudent d'un autre Conrard, c'est qu'il ait fallu que quinze personnes honorables attestassent le fait avec les formalités voulues, pour qu'il pût arriver à la connaissance du public. Par qui donc l'École d'Agriculture de Montpellier, par qui la Commission spéciale, par qui une masse de gens sont-ils payés et pourquoi sont-ils payés? Par le public et pour l'intérêt du public! S'il en est ainsi, pourquoi êtes-vous si prolixes pour les sottises et si taciturnes pour les choses utiles?

Ma surprise avait tort, si petite qu'elle ait été, et voici pourquoi. En 1854 j'avais indiqué, *gratis, sans prétentions à quoi que ce fût*, au très-illustre et très-célèbre, quoique très-inutile M. A. Payen, de l'Institut et de beaucoup d'autres lieux, que l'agent empoisonnant par excellence de la moisissure est le sulfure de potassium (ou un sulfure soluble), qu'il fallait, en attendant une réforme culturale, restituer à la vigne la potasse, la chaux, le phosphore... Il ne souffla mot de ma communication, attribua l'idée sulfure (de calcium) à un jardinier de Versailles; en ce temps, les jardiniers étaient à la mode, comme aujourd'hui les entomologistes; se déclara l'homme du soufrage et amena ce que l'on sait (1). Dans la période actuelle de la *même maladie*,

(1) Voir *la Vigne et l'oïdium*, 2e, 3e et 4e leçons, 1861.

j'ai indiqué un insecticide certain. M. le Ministre de l'agriculture, M. l'ambassadeur d'Espagne, M. le secrétaire de la Société d'encouragement et d'autres personnes m'ont accusé réception de ma communication; le successeur de feu Payen à la Société d'agriculture a marché sur les traces de son prédécesseur, et il est le seul qui n'ait pas trouvé le temps en six mois d'accomplir un devoir de convenance. Il est vrai que je n'ai jamais encensé le grand agronome, le grand chimiste, au contraire, et l'affaire s'explique.

Si la chose est explicable pour moi, qui ai servi quelques dures vérités à bien des gens, elle ne s'explique pas du tout pour l'histoire de Montpellier. Je vois, à la date du 10 octobre 1878, une attestation d'un propriétaire de Montpellier, M. Michel, déclarant que, en juillet 1875, le système Davis a été appliqué à l'École d'Agriculture *sur des vignes presque mortes;* que, en 1876, ces vignes avaient tellement végété et fructifié qu'on croyait qu'elles n'auraient plus de séve pour l'année suivante ; que, en 1877, ces vignes eurent une végétation et une fructification supérieures à celles de 1876 ; que, en 1878, tout le monde a pu constater la récolte obtenue à l'École; que, en 1877, le signataire a appliqué le système sur des vignes à lui, vieilles et presque mourantes ; que, en mars 1878, *il a été planté des boutures de vignes françaises dans un terrain phylloxéré* et que les *résultats* obtenus sont *surprenants*...

Ceci, lecteurs, est attesté par quinze personnes, dont la signature est congrûment légalisée ; j'en suis sûr, parce que j'ai voulu voir les originaux, et qu'il n'y a pas un doute à émettre.

Pourquoi donc ce silence de l'École de Montpellier et de la Commission ? L'École a-t-elle peur de nuire à la frondaison des lauriers Planchon ? Qu'on en donne des voitures pleines ! La Commission a-t-elle voulu prolonger son importance ? Qui sait ? Dans tous les cas, ces Messieurs ont su, ils savaient, ils savent les résultats obtenus par une méthode qui a été employée par eux et sous leurs yeux, qui est attestée par des habitants de Montpellier, et ils n'ont rien dit. L'expérimentateur américain n'est pourtant jamais entré en lutte avec eux, n'a jamais cherché à faire connaître des errements auxquels il est resté étranger. Mais alors, que veut-on ? Ne serait-il pas bon d'en savoir quelque chose ?

Où est la morale de l'aventure ? Quels sont les mobiles qui engagent à marcher sur la vérité, à ne pas la faire connaître aux intéressés, sinon quand il est trop tard ? Je ne chercherai pas cela, parce que je ne veux même pas songer à la possibilité de certaines faiblesses. Je ne veux pas porter trop loin le scalpel de l'analyse, de peur de faire trop de découvertes. Mais, au moins, dirai-je aux viticulteurs français :

Voyez et jugez ! Voilà une méthode et un raisonnement absolument identiques présentés par deux hommes étrangers l'un à l'autre, qui ne s'étaient jamais vus il y a quinze jours. L'un disait, depuis 1854, ce qu'il a fait imprimer en 1861, par rapport à la forme oïdium de la maladie de la vigne : Restituez la potasse, la chaux, le phosphore ; tuez le champignon par le sulfure de potassium ; récoltez d'abord et sauvez-vous ; vous réformerez ensuite votre culture qui est exécrable ! La preuve a été faite devant une Commission nommée par M. le baron de Mentque, alors préfet de la Gironde, et les vignes traitées ont été les seules qui aient produit du chasselas, en Bordelais, en 1861, année de la démonstration... Silence complet fut fait au sujet de ce résultat, aussi complet que possible et inattendu par les commissaires.

Le même homme vient dire aujourd'hui, par rapport à la forme phylloxère, qui est la forme actuelle de la maladie : Restituez la potasse, la chaux, le phosphore ; tuez l'insecte par les sels d'aniline ; sauvez d'abord les intérêts français ; vous réformerez ensuite votre abominable culture... Cette fois, on ne prend pas même la peine de lui répondre, parce que c'est un gêneur, un indiscret, qui dit ce qu'on ne lui demande pas.

L'autre homme, imbu des mêmes principes que le précédent par rapport aux nécessités de la restitution, vient dire au sujet de la forme phylloxère, de la forme actuelle de la maladie de la vigne : Restituez à vos vignes la potasse, la chaux, le phosphore ; tuez l'insecte au moyen de l'acide sulfhydrique en dégagement lent et continu ; sauvez-vous d'abord ; vous réformerez ensuite votre culture ! Et cet homme justifie ce qu'il dit comme le précédent ; il produit les résultats les plus avantageux dans une École d'Agriculture du département le plus éprouvé, presque sous les yeux de cette Commisson dont *les expériences n'ont malheureusement pas donné jusqu'à ce jour de résultat certain*, et l'École se tait, et la Commission se tait, et il faut que de simples citoyens, intéressés dans la question vitale qui nous occupe, rendent hommage à la vérité, pour qu'un silence absolu ne se fasse pas autour d'un résultat aussi important pour la richesse nationale !

Encore une fois, lecteurs, propriétaires, viticulteurs et vignerons, voyez et jugez ! Vous avez en main les pièces du procès. Je ne vous en dirai plus rien, mais je crois vous avoir démontré, comme je l'ai dit, qu'il se passe des histoires bien singulières. A vous de les interpréter comme vous l'entendrez.

Il se peut que d'autres compositions analogues aient été présentées ou envoyées ; je n'ai rien à dire de ce que je ne sais pas. Mais il y a un fait certain, c'est que tous ceux qui ont conseillé la restitution des sels minéraux enlevés au sol, en même temps que l'emploi d'un insecticide à action lente et continue, en attendant les mesures culturales indispensables, sont rigoureusement dans le vrai, malgré les phrases des entomologistes, malgré le silence ou le dédain des Commissions. Franchement, quand on a mis *seize ans* à ne pas savoir où l'on peut en être, on aurait quelque motif d'être modeste et de ne pas tant s'imposer.

On n'a pas oublié M. Faucon, ni la submersion, dont l'honorable M. de Grasset a fait un éloge bien senti. Ce moyen est bon, *quand il est praticable.* Il est bon, non pas par les raisons alléguées, mais parce que si l'inondation peut faire périr l'insecte ou le forcer momentanément à s'éloigner, il agit d'une façon plus rationnelle, qui a échappé entièrement à M. le rapporteur et à ses experts, les savants entomologistes. M. Faucon, lui-même, n'y a peut-être pas songé ; mais il n'importe, le fait est là et il n'est que loyal de le reconnaître. Dans un sol épuisé, quant aux couches profondes, la couche superficielle est plus riche en débris végétaux et en humus, provenant des détritus des plantes.

L'action de l'air, avec l'auxiliaire des cultures, détermine la décomposition des matières qui composent la couche arable de surface. Il n'y a donc rien d'étonnant à ce que l'*eau de submersion*, qui apporte déjà des sels et des principes minéraux qu'elle tient en dissolution, des substances organiques en solution ou en suspension, agisse encore sur les parties du sol les plus rapprochées de la superficie, dissolve les sels mis en liberté par l'influence atmosphérique, entraîne, vers les couches profondes et vers les plans radicellaires inférieurs, les matières organiques ou minérales, et produise un effet très-sensible de restitution. Le procédé de M. Faucon agit comme reconstituant et comme insecticide. Il est impossible à exécuter dans le plus grand nombre des cas, il est d'un effet très-momentané ; mais, tel qu'il est, on peut en dire que c'est une des rares bonnes choses qui aient été signalées, bien qu'il n'exempte pas de la nécessité générale exposée précédemment.

CONCLUSIONS

Pour nous, lecteurs, qui voulons voir le côté des choses enseigné et démontré par l'observation culturale, toutes les opinions de quelques savants, vrais ou faux, étrangers à tout ce qui concerne les questions agricoles, doivent nous importer fort médiocrement. Nous avons des règles basées sur l'observation, c'est-à-dire sur la vraie science, et sur la pratique, qui en est la confirmation. Nous savons que nous ne mettrons nos vignes à l'abri des altérations et des maladies que par l'application des lois de l'hygiène viticole. Nous savons qu'il lui faut beaucoup d'espace en terre et qu'on la resserre tant qu'on peut ; nous savons qu'il lui faut beaucoup d'air et d'espace au-dessus du sol et qu'on l'étouffe à plaisir ; nous savons qu'elle est la plante dont le tissu vasculaire s'imprègne le plus facilement des produits gangréneux et qu'on lui fait subir, bêtement et sans règles, des amputations aussi périodiques que stupides ; nous savons qu'elle est traçante et épuisante, et qu'on ne la soumet à aucun assolement, qu'on ne lui fournit aucune restitution ; nous savons qu'elle repousse les engrais azotés et qu'on ne lui donne que ceux-là, quand on lui en donne ; nous savons que, dans ses maladies, on appelle le vétérinaire, le charpentier ou l'entomologiste, au lieu d'appeler le viticulteur..... Toutes ces données nous sont très-suffisantes pour déduire des conclusions logiques, à propos desquelles je n'aurai garde de songer à vous tracer une ligne de raisonnement. La réforme culturale viendra après, aussitôt qu'on sera sorti du danger de mort où nous sommes.

On sait que la maladie de la vigne, causée par une culture absurde et par un système inconscient d'épuisement du sol sans restitution intelligente et suffisante, a présenté le *symptôme oïdium* depuis 1845, que, depuis 1863, le *symptôme-puceron-phylloxère* s'est joint au précédent... Nous disons, en face de tous, nous, les gens qui avons *vu* la terre et qui l'aimons, nous qui sentons vibrer en nous l'amour de cette terre de France, la plus riche qui soit : Nous corrigerons nos fautes culturales le plus tôt possible ; mais, d'abord, nous allons sauver la situation, compromise par les avocassiers de la loupe et du microscope ; nous allons prendre le seul moyen transitoire efficace, démontré par les faits, la raison et la science ; je parle de la science qui sait, qui a vu, observé et qui est respectable ; nous allons employer immédiatement, dès la prochaine culture de fin d'hiver, sauf à renouveler en temps utile, « *un* MOYEN QUELCONQUE, *venant de n'importe qui, présentant à nos vignes*, *en attendant la réforme culturale, une* RESTITUTION COMPLÈTE : ALCALIS, CHAUX, PHOSPHORE, en *même temps qu'un* INSECTICIDE A ACTION LENTE, CONTINUE ET CERTAINE. »

On pourra vous ruiner par des phrases, pour la glorification dorée ou enrubanée des exploiteurs de toute sorte, mais on ne fera jamais que cette conclusion ne soit pas absolument et rigoureusement applicable, la seule vraie, la seule conforme à vos intérêts.

Avant de prendre congé de vous, chers lecteurs, ou plutôt, à titre d'adieux, permettez-moi de vous faire part d'une trouvaille. Comme tout écrivain qui fait, au jour le jour, une besogne consciencieuse, je n'aime pas à me relire. Il m'arrive souvent de me trouver mauvais ou médiocre et, si je ne suis pas vaniteux, je possède une belle dose d'orgueil, ce qui me conduit à être horriblement contrarié de me trouver quelquefois aussi..... naïf que ceux auxquels j'ai adressé du verjus. Vous conviendrez avec moi que la situation n'est pas agréable dans ce cas. Il y a pourtant des exceptions. Hier, en cherchant quelque chose à votre intention, j'ai trouvé, à l'adresse de l'illustrissime Commission de l'Hérault, un passage assez intéressant, au moins pour tous ceux qui croient avoir un avantage quelconque à *regarder, pour voir*. Je cite textuellement, avec d'autant plus de désinvolture que, là-dedans, il n'y a que peu de chose à moi :

« *La maladie de* 1868 (1). — Il y a des choses qui seraient du plus haut comique pour une philosophie égoïste, mais qui deviennent de tristes sujets d'indignation, lorsqu'on les considère au point de vue des intérêts généraux de l'humanité. Les derniers actes de cette *immense bouffonnerie de l'oïdium* n'étaient pas encore joués, lorsque d'autres personnages éprouvèrent ce même besoin atroce de faire parler d'eux et de leur science, que leurs aînés avaient manifesté pour le champignon de MM. Tucker, Montagne, Payen et autres. Au commencement de l'été de 1868, les départements viticoles de la rive gauche du Rhône et du Midi jetèrent des cris de détresse : on était en face d'une *nouvelle maladie de la vigne!*

« Voilà les Commissions en marche, les viticulteurs, vétérans ou novices, au travail..... Quel champignon ou quel insecte vont-ils découvrir ? Ils trouveront assurément une moisissure ou un puceron, ou peut-être tous les deux, assurions-nous à l'un des membres les plus recommandables de l'Administration du Muséum de Paris (2) ; mais nous ne pensions pas que cette prophétie, par à peu près, dût être justifiée à la lettre :

« La maladie se présentait sous la forme d'une *mortalité épidémique* en Provence ; le mal s'étendait comme *une sorte de gangrène du centre à la circonférence* : dans le Languedoc, au contraire, les cas de mort étaient isolés.

« Les racines des souches atteintes, dit la *Commission de la Société d'Agriculture de l'Hérault* (3), sont *en partie désorganisées, pourries ;*

---

(1) *Guide théorique et pratique du fabricant d'alcools*, 2e vol., p. 149. (1868.)

(2) Le regrettable M. Pepin, dont tout le monde a apprécié les connaissances horticoles et agricoles.

(3) Citation du *Petit Journal*, du 27 juillet 1868.

existait-il un cryptogame quelconque, cause de cette désorganisation? Les recherches de la Commission ne firent rien apercevoir de semblable; mais ce que l'on vit bien, ce que l'on put parfaitement constater, le voici : sous le verre grossissant de la loupe, apparut un *insecte*, un *puceron* de couleur jaunâtre fixé au bois et *suçant* la séve.

« On regarde plus attentivement, dit la Commission, et ce n'est plus un, ni dix, mais des centaines, des milliers de pucerons que l'on aperçoit à divers états de développement. Ils sont partout, sur les racines profondes (1), comme sur les racines superficielles, attachés au corps même de la partie souterraine du cep, comme sur les fibres les plus déliées. Les jeunes *racines adventices*, tout nouvellement sorties du tronc, et qui dans l'état normal se terminent par un chevelu fin, de forme régulière, présentent, au contraire, des renflements anormaux, *causés* par la piqûre de l'insecte, et sur lesquels on trouve bien vite le puceron à l'œuvre.

« Pendant trois jours nous avons, sur tous les points attaqués, retrouvé ces innombrables insectes. A Saint-Remi, à Gravaison, dans la Crau, à Châteauneuf-du-Pape, à Orange, partout, *sur les racines des ceps rabougris*, la loupe nous a montré des milliers de pucerons *suçant la séve*. Quand la souche est tout à fait morte et desséchée, l'insecte abandonne sa proie, il va sur les ceps voisins chercher une nourriture fraîche. On connaît la prodigieuse fécondité de ces *espèces parasitaires;* il est facile dès lors de comprendre l'intensité du mal et la rapidité de son développement.

« Cette mort par inanition, cette *étisie* de la vigne provient sûrement de ce que les racines criblées de piqûres ne fonctionnent plus; la séve ne peut circuler; les racines, envahies par des milliers de *parasites*, sont bientôt désorganisées, la vie est tarie à sa source; *tout s'explique par la présence de l'insecte* (2).

« Les pucerons abandonnent les souches mortes et envahissent avec rapidité celles qui leur offrent une nourriture succulente, *de là cette mortalité qui s'étend du centre à la circonférence.* LE PUCERON NE SE TROUVE PAS SUR LES SOUCHES ENCORE SAINES ; *nous en avons acquis la preuve en Provence ; dès notre arrivée à Montpellier, nous nous sommes empressés de faire aussi cette contre-épreuve, nos souches ne présentant pas trace de parasites.*

---

(1) Elles sont en désorganisation, n'est-ce pas, comme vous l'avez dit ? — N. B.

(2) Parbleu ! Le contraire serait étonnant. Il y a fort à parier que le rédacteur de cette petite note n'est pas étranger au planchonisme de la Commission de l'Hérault. — N. B. 1879.

« La prodigieuse fécondité du puceron explique la marche rapide du mal. Il est inutile, croyons-nous fermement, de chercher ailleurs la cause, malheureusement trop évidente, de la maladie et de la mortalité (1).

« Voilà la cause toute trouvée ; c'est le puceron ; ce puceron diffère des *aphis* ordinaires ; il se rapproche des *Forda*, *Paractetus*, *Rhizobius*, etc. » Donc, il faut vite détruire le puceron. On peut choisir parmi les remèdes : le *pétrole*, la *benzine*, les *huiles lourdes*, l'*acide phénique*, la *créosote*, le jus de *tabac*, les *savonnades*, les *lessives* diluées, l'*ébouillantage*, le *déchaussage*, les *caustiques*, la *chaux*, les *cendres*, le *soufre*, les *tourteaux* de *colza* et l'*huile de moutarde*... Peut-être y en a-t-il d'autres encore !

« Laissant de côté les plaisanteries de la Commission de l'Hérault, disons qu'elle a eu un bon mouvement :

« A Orange, DE FORTES FUMURES, RÉPÉTÉES DEUX ANNÉES DE SUITE, ONT SAUVÉ DES VIGNES QUI AVAIENT UN COMMENCEMENT DE MALADIE. Cela n'a rien d'étonnant, dit toujours la Commission, car LES PLANTES VIGOUREUSES SONT BIEN MOINS ATTAQUÉES QUE LES AUTRES PAR LES PARASITES. »

« La Commission aurait dû s'en tenir à cette phrase qui vaut son esant d'or, et nous la rapprochons, toutefois, d'une phrase de M. Heurtebize : *Les gens riches n'ont jamais la gale*, qui ressort de ce que nous avons exposé en 1861 dans notre livre sur *la Vigne*.

« Cela veut dire, et certainement la Commission pense comme nous, puisqu'elle le dit, que le premier soin à prendre de la vigne consiste à la mettre en bon sol perméable et sain, substantiel et riche en matières alimentaires utiles à la plante, à ne pas la mutiler par une taille absurde, à la rendre *vigoureuse*, en un mot, si l'on veut éviter les pucerons des uns et le champignon des autres ».

Lorsque j'avais prophétisé, comme une espèce de Baruch inconscient, les choses idiotes que nous étions appelés à voir, nous nous promenions, mon digne ami et moi, dans la grande serre du Muséum, cherchant précisément à trouver *l'enfarinement oïdique* sur des plantes de genres tout opposés et aussi éloignés que possible de la vigne. On en voyait partout en esprit, comme de la muscade de Boileau ; mais la vérité m'oblige à reconnaître que, en fait, la moisissure ne se ren-

(1) Ici s'arrête la citation de la Commission... Que le lecteur veuille bien lire avec attention cet extrait d'un factum abracadabrant, en constater les contradictions, les erreurs manifestes, la passion, et comparer avec les dires d'aujourd'hui... Toujours même système. Il faut la foi, même contre l'évidence ! Messieurs, cela ne s'achète pas et nous n'en voulons plus, même pour rien. — N. B. 1879.

contre jamais qu'à la suite d'une faute culturale, et que les serres du Jardin des Plantes de Paris étaient, et sont encore, je pense, dirigées avec l'intelligence et la science pratique les plus incontestables, en sorte que notre recherche n'aboutit qu'à des résultats douteux et insignifiants. Mais la question n'est plus là.

Le lecteur a pu constater, par ce passage d'un livre publié en 1868, que la Commission législative, aussi bien que la Commission de l'Hérault, pouvait faire remonter ses allégations au *Petit Journal* du 27 juillet 1868, c'est-à-dire à la renversante découverte de M. Planchon, qui pourra être de l'Académie française, quand on aura réformé la syntaxe. Pas un progrès, pas une idée, rien, sinon des contradictions, depuis cette époque, c'est-à-dire depuis près de *onze ans !* Et dans le temps de cherté qui court, on peut demander ce que coûte une aussi belle rhétorique, et une science aussi étonnante.

En résumé, la citation que je viens de faire démontre bien des choses, et je serais marri de ne pas aider à la difficulté de compréhension des savants entomologistes, lesquels doivent, comme on sait, respirer par des branchies, et n'avoir pour centre nerveux que de simples tubercules. Cette anomalie physiologique expliquerait leur manque absolu de mémoire réflexe et de coordination d'idées. Voici des preuves.

Ces dignes savants, au moment de l'éclosion du planchonisme, nous disaient : «*C'est une gangrène qui s'étend du centre à la circonférence ; les racines des souches atteintes sont en partie désorganisées, pourries ; les racines adventives présentent des renflements causés par la piqûre de l'insecte, qu'on trouve partout sur les racines des ceps rabougris, suçant la sève ; tout s'explique par la présence de l'insecte ; mais le puceron ne se trouve pas sur les souches encore saines, ce qui est prouvé en Provence et ce pour quoi nous avons eu une contre-épreuve à Montpellier, nos souches ne présentant pas trace de parasites ; et encore, de fortes fumures, répétées deux fois, ont sauvé des vignes atteintes, ce qui n'a rien d'étonnant, car les plantes vigoureuses sont bien moins attaquées que les autres par les parasites.* »

Voilà bien le fond de l'histoire. Eh bien, j'aurai l'incommensurable honneur de faire observer à ces docteurs illustrissimes : 1° qu'ils ne savent pas leur métier ; s'ils le savaient, ils sauraient qu'un être vivant n'est parasite que s'il tire sa nourriture des tissus d'un être du même règne ; que le phylloxère n'est pas un parasite, puisque lui, animal, vit sur une plante et aux dépens de cette plante, et non pas sur un autre animal ; 2° que, quand on a la prétention d'être des savants, on réfléchit avant de parler ; qu'on ne nie pas en 1868 ce qu'on affirme en 1879 sans dire pourquoi ; qu'on ne déclare pas solennellement que les *vignes saines* sont indemnes, pour venir affirmer non moins solennellement qu'elles ne le sont pas, sans qu'on sache par quelle raison ce pauvre insecte, non parasite, change ses habitudes et bouleverse les arguments scientifiques ; 3° que, lorsqu'on a affirmé que les racines atteintes sont en partie désorganisées et pourries et que les ceps atteints sont rabougris, on ne vient pas affirmer le contraire, sans justification ; 4° qu'on ne vient pas dire, en mille endroits, ni faire répéter à satiété, que *l'insecte suce la sève,* attendu qu'on n'en sait rien d'abord et que, ensuite, cela est aussi absurde qu'inexact ; que cela démontre que les savants entomologistes ont besoin de refaire leur science par une observation attentive, guidée par un peu de raisonnement, puisque cela leur ferait voir que leur insecte ne peut pas pénétrer dans les tissus par son *suçoir,* que, *comme tous les aphidiens,* il se borne à pomper et à aspirer les *exsudations ;* et que les ulcérations et les gonflements sont simplement consécutifs à cette action mécanique ; 5° Qu'on ne pose pas en principe que les plantes vigoureuses sont bien moins atteintes que les autres, pour venir ensuite affirmer le contraire, sans donner à ce pauvre principe le plus petit motif qui le console de sa disgrâce...

Je veux croire, et je dois croire que les savants théoriciens ont été de la plus entière bonne foi dans leurs découvertes ; mais quelle qu'ait été cette bonne foi, on peut leur reprocher, à eux, qui doivent avoir un soupçon de littérature, sinon de grammaire, qu'ils n'ont pas conservé un souvenir satisfaisant de la boutade sarcastique de Beaumarchais ; autrement, ils auraient compris qu'il est toujours nuisible de mettre un danseur à la besogne d'un calculateur.

Maintenant, lecteurs, j'ai fait ce que j'ai cru être un devoir étroit, j'ai accompli, à mon sens, une *obligation de rigueur*. J'ai fini, non pas que je n'aie encore bien des plaies à dévoiler, bien des calculs à faire connaître, mais parce que vous n'avez nul besoin de moi pour prendre vos décisions. Je ne désire qu'une chose pour notre viticulture, et c'est le vœu le plus sincère que je puisse former ; c'est qu'elle sache se garder, comme d'une épidémie contagieuse, de la permanence des Commissions, de l'ambition des savants et de la loupe des entomologistes.

N. BASSET.

Paris, 14 janvier 1879.

INDEX

7551 PARIS, IMP. FÉLIX MALTESTE ET Cie, 22, RUE DES DEUX-PORTES-SAINT-SAUVEUR

www.ingramcontent.com/pod-product-compliance
Ingram Content Group UK Ltd.
Pitfield, Milton Keynes, MK11 3LW, UK
UKHW012102240726
13965UKWH00004B/1470